黄河典型水库淤积泥沙深层取样技术

杨勇　张雷　郑军　高航　著

黄河水利出版社
·郑州·

内 容 提 要

本书主要内容包括黄河流域水库概况、水库淤积泥沙取样技术、淤积泥沙层理结构、深水库区取样设备设计、取样操作、取样器扰动性分析、水库取样及泥沙样品特性、水库淤积泥沙干密度特性和水库淤积层理。

本书可供从事水利工程泥沙量测和研究的工程技术人员参考使用,也可供相关专业的师生参考使用。

图书在版编目(CIP)数据

黄河典型水库淤积泥沙深层取样技术/杨勇等著.—郑州:黄河水利出版社,2015.1

ISBN 978-7-5509-1012-6

Ⅰ.①黄… Ⅱ.①杨… Ⅲ.①黄河流域-水库泥沙-取样法-研究 Ⅳ.①TV145

中国版本图书馆 CIP 数据核字(2015)第 017596 号

组稿编辑:贾会珍 电话:0371-66028027 E-mail:xiaojia619@126.com

出 版 社:黄河水利出版社

地址:河南省郑州市顺河路黄委会综合楼 14 层 邮政编码:450003

发行单位:黄河水利出版社

发行部电话:0371-66026940、66020550、66028024、66022620(传真)

E-mail:hhslcbs@126.com

承印单位:河南省瑞光印务股份有限公司

开本:787 mm×1 092 mm 1/16

印张:8

字数:185 千字 印数:1—1 000

版次:2015 年 1 月第 1 版 印次:2015 年 1 月第 1 次印刷

定价:32.00 元

前　言

我国许多河流每年输送大量泥沙,河流的泥沙状况不仅反映了河流本身的发展演变,也反映了流域的环境特性、水土流失程度及人类活动的影响。在规划、防洪、水沙资源利用以及水土保持等方面的工作中,河流泥沙是必须考虑的因素。治水必先治沙,这是多泥沙河流治理的特点也是难点。准确获取深层淤积泥沙资料与分析成果,研究淤积泥沙层理结构,为水库分层清淤提供重要技术支撑,是泥沙研究和泥沙治理的重要基础工作。

在借鉴深海淤积泥沙取样技术的基础上,设计了基于大型重力活塞原理,由配重装置、触发装置、取样装置等部分组成的深水库区取样器。另外,通过机械设计理论对其结构、强度、稳定性及取样性能等进行了分析。结果表明:设计的内径 90 mm、外径 114 mm,总装配长度 13 m 的取样器能够满足要求(深水库区深层取样的)。研制出深水库区取样器,开展了性能试验,针对存在的密封性、成功率及效率等问题,改进了导流装置、取样刀头、密封装置以及触发装置等,改进后取样器能够满足现场试验要求。

采用孔扩张理论分析了取样器对淤积泥沙样品的径向扰动情况,结果表明:样品径向受扰动比例变化范围为 14.2% ~22.6%。采用非线性有限元方法模拟了取样器冲击取样过程,分析了取样器对样品垂向扰动状况,结果表明:对于轴心线上的样品,径向没有受到扰动,垂直向扰动比例范围约为 20%,最大扰动量为 0.075%;下端 30% 范围内的样品的边壁受到一定扰动,样品边壁的垂直向最大扰动量为 0.3%,径向最大扰动为 1.93%。对比分析取样器和常规环刀取样器得到的泥沙样品密度试验,结果表明:在密度试验中,用全部 20 组样品平均变化率作为推算密度的标准,取样器比环刀测量湿密度平均增大率为 11.3%,干密度平均增大率为 12.1%,可以用此作为推算样品真实湿密度和干密度计算参数。

在研制成功的取样装置基础上,根据研制的淤积泥沙低扰动取样装置特点和船舶现状,设计加工起吊能力 5 t、起吊高度 13 m 的起吊装置及配套设备,形成了能够用于深水水库作业的取样船只及取样装置,并制定了详细的作业操作流程。在三门峡库区的滩地和主河槽进行了取样性能验证试验,测试取样设备及配套装置的性能。试验结果表明:对于软质河床取样效果较好,样品扰动性较低;对于硬质河床,取样效果不甚理想,通过对取样器及作业方式的改进,达到了取样试验要求。

分别在三门峡库区和小浪底库区进行了取样试验,取得了水下深层淤积泥沙样品。对获取的淤积泥沙样品进行了样品特性试验,分析了淤积泥沙比重、密度、干密度、含水率、颗粒的级配组成等参数。结果表明:上游的颗粒中粗颗粒所占比例总体上高于下游,符合水库淤积规律;三门峡库区淤积泥沙的比重为 2.68 ~2.75,小浪底库区淤积泥沙的比重为 2.68 ~2.73;考虑取样器的挤密作用,对干密度值进行了合理修正,推算三门峡库区淤积泥沙干密度为 1.08 ~1.54 g/cm^3,推算小浪底库区淤积泥沙干密度为 1.17 ~1.54 g/cm^3。

从河床物质颗粒组成、力学特性等角度，研究库区内淤积泥沙颗粒分层特点。结果表明：沿深层方向泥沙颗粒组成分层明显，但分层趋势规律不明显，拐点出现位置不同，其分层特点与历年来水来沙量及周边地形环境等因素有关；按照样品摩擦角、黏聚力及泥沙临界起动切应力等力学特征进行分析，结果表明淤积泥沙沿深层方向均有明显分层现象。

作 者

2014 年 11 月

目 录

第 1 章　黄河流域水库概况

1.1　黄河流域概况

黄河是我国第二条大河，发源于青藏高原巴颜喀拉山北麓的约古宗列盆地，流经青海、四川、甘肃、宁夏、内蒙古、陕西、山西、河南、山东九省(区)，在山东省垦利县注入渤海。黄河干流全长 5 464 km，流域面积 79.5 万 km^2(包括内流区 4.2 万 km^2)。与其他江河不同，黄河流域上中游地区的流域面积占总面积的 97%，西部地区属青藏高原，海拔为 3 000 m 以上；中部地区绝大部分属黄土高原，海拔在 1 000 ~ 2 000 m；东部属黄淮海平原，河道高悬于两岸地面之上，洪水威胁十分严重。自河源至内蒙古托克托县的头道拐为上游，河长 3 472 km，面积 42.8 万 km^2；头道拐至河南省郑州市的桃花峪为中游，河长 1 206 km，面积 34.4 万 km^2；桃花峪至入海口为下游，河长 818 km，面积 2.3 万 km^2。

黄河下游是黄河的重要防洪河段，目前黄河下游河床已高出大堤背河地面 4 ~ 6 m，局部河段达 10 m 以上，严重威胁着黄淮海平原的安全。从桃花峪至河口，除南岸东平湖至济南为低山丘陵外，其余全靠堤防挡水。目前，悬河、洪水依然严重威胁着黄淮海平原地区的安全，是中华民族的心腹之患。

黄河下游两岸大堤之间滩区面积为 3 160 km^2，有耕地 375 万亩(1 亩 = 1/15 hm^2，下同)，居住人口 189.5 万。东坝头至陶城铺河段，主槽淤积和生产堤的修建，造成槽高、滩低、堤根洼“二级悬河”的局面，严重威胁防洪安全。

黄河流域支流众多，一级支流达 111 条，其中流域面积大于 1 000 km^2 的支流有 76 条。流域面积大于 1 万 km^2 或入黄泥沙大于 0.5 亿 t 的一级支流有 13 条，上游有 5 条，其中湟水、洮河天然来水量分别为 48.8 亿 m^3、48.3 亿 m^3，是上游径流的主要来源区；中游有 7 条，其中渭河是黄河最大一条支流，天然径流量、沙量分别为 92.5 亿 m^3、4.43 亿 t，是中游径流、泥沙的主要来源区；下游有 1 条，为大汶河。

黄河流域水资源贫乏，属资源性缺水地区。黄河流域现状下垫面条件下，多年(1956 ~ 2000 年)平均天然河川径流量为 534.8 亿 m^3，占全国河川径流量的 2%。

黄河洪水包括暴雨洪水和冰凌洪水。黄河上游暴雨洪水历时长、洪峰低、洪量大，为矮胖型。中游暴雨频繁、强度大、历时短，洪水具有洪峰高、历时短、陡涨陡落的特点。下游的暴雨洪水主要来自中游，是下游的主要致灾洪水。黄河的冰凌洪水主要发生在宁蒙河段和黄河下游。

黄河是世界上输沙量最大、含沙量最高的河流。据 1919 ~ 1960 年实测资料统计，三门峡站的多年平均输沙量约 16 亿 t。黄河泥沙具有输沙量大、水流含沙量高、水沙异源、年内分配集中、年际变化大的特点。近期由于降雨因素和人类活动对下垫面的影响，以及经济社会的快速发展、工农业生产和城乡生活用水大幅度增加，河道内水量明显减少，加之水库工程的调蓄作用,黄河水沙关系发生了较大的变化,主要表现为来水来沙量明显减少、径流年内分配均匀化、汛期有利于输沙的大流量历时和水量减少,水沙关系更加不协调。为此,在黄河干流上已建有龙羊峡、刘家峡、万家寨、三门峡和小浪底等水库,近年来,通过水库或水库群的合理调度运用,进行调水调沙、水量调度、防洪防凌调度、兴利调度等,对优化配置水资源、保护生态环境、维护河流健康、促进社会经济的健康发展等都发挥了重要作用,社会、经济和生态效益显著。

1.2 万家寨水库泥沙概况

万家寨水利枢纽位于黄河北干流上段托克托至龙口峡谷河段内,是黄河中游梯级开发的第一级。坝址左岸为山西省偏关县,右岸为内蒙古自治区准格尔旗。坝址控制流域面积39.5万km^2,距黄河入海口1 888.3 km,坝址河段河道比降为1.24‰,河宽为300~500 m,河谷呈U形,河底为基岩,两岸滩地为砂卵石淤积物。其主要任务是供水结合发电调峰,同时兼有防洪、防凌作用。枢纽年供水量14亿m^3,其中向内蒙古自治区准格尔旗供水2亿m^3,向山西省供水12亿m^3。枢纽水电站装机108万kW,年发电量27.5亿kWh。黄河干流三湖河口至头道拐河段长300 km,河道平缓开阔,比降1‱,为平原河流;头道拐至大榆树湾为平原型向山区型转变的过渡段,其中大石窑子至大榆树湾河段为转折段,称为拐上河段,河段长10 km,比降2.85‱;大榆树湾至坝址为山区型河流,河谷狭窄陡峻,比降11.7‱。库区最大支流为红河,流域面积5 530 km^2。万家寨水库入库泥沙分为两部分:一是头道拐以上黄河干流来沙;二是头道拐至坝址区间来沙。研究发现,若是万家寨水库泥沙淤积末端不上延至拐上河段,即可保持头道拐的输沙能力,避免对上游河道的不利影响。

万家寨水利枢纽属一等大(1)型工程,永久性主要建筑物为一级水工建筑物,设计洪水标准为千年一遇,校核洪水标准为万年一遇。入库洪峰流量分别为16 500 m^3/s和21 200 m^3/s。多年平均入库径流量为248亿m^3(河口镇1952~1986年实测年径流系列),设计多年平均径流量为192亿m^3(1919~1979年设计入库系列),设计多年平均入库沙量为1.49亿t,设计多年平均含沙量为6.6 kg/m^3。水库总库容为8.96亿m^3,调节库容为4.45亿m^3。水库最高蓄水位为980.00 m,正常蓄水位为977.00m。水库采用“蓄清排浑”的运用方式,排沙期运用水位952.00~957.00 m。坝址岩层由寒武系灰岩、白云岩、页岩等组成,岩性致密坚硬,岩体完整,断层不发育。工程地质条件优良。场地地震基本烈度为6度。

万家寨水利枢纽由拦河坝、坝后式电站厂房、电站引水系统、泄水建筑物、引黄取水建筑物、厂坝间全封闭组合电器(GIS)开关站等建筑物组成。拦河坝为半整体式混凝土直线重力坝,坝顶高程982.00 m,坝顶长443 m,最大坝高105 m,拦河坝自左向右共分为22个坝段,依次为左岸挡水坝段、泄水坝段、隔墩坝段、电站坝段、右岸挡水坝段。引黄取水口设于大坝左岸边坡坝段,2条引水钢管直径均为4.0 m,单孔引水流量24 m^3/s,取水口采用分层取水方式以引取水库表层清水。泄水建筑物位于河床左侧,包括8个4 m×6 m底孔、4个4 m×8 m中孔、1个14 m×10 m表孔,其中表孔主要担负枢纽宣泄超标准洪水和部分排冰任务;中孔为枢纽重要泄洪排沙建筑物,也是主要的排漂建筑物;底孔为枢纽主要泄洪排沙建筑物;泄水坝段下游均采用长护坦挑流消能,同时为避免溢流坝泄流对电站尾水的影响,在厂房尾水平台后布置长46 m的尾水导墙。电站厂房为坝后式,位于河床右侧,单机单管引水,压力钢管直径7.5 m。主厂房长196.55 m,上部宽27.00 m,下部宽43.75 m,总高度56.30 m,安装6台单机容量为18万kW水轮发电机组。GIS开关站位于电站主厂房上游厂坝之间。各组成部分具体位置分布情况如图1-1所示。

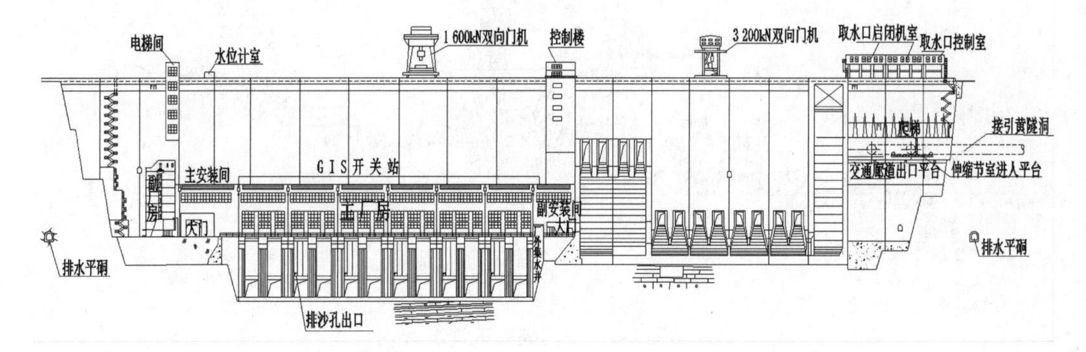

图1-1　万家寨水利枢纽大坝立面布置图

1.3　三门峡水库泥沙概况

三门峡水利枢纽是黄河干流上修建的第一座大型水利枢纽工程,控制了黄河流域面积的91.5%、来水量的89%、来沙量的98%,工程的任务是防洪、防凌、灌溉、发电和供水。枢纽工程位于黄河中游下段的干流上,连接豫、晋两省。库区遍布在中条山和秦岭之间的山间盆地中。库区的西部有黄河最大的支流渭河自西而东穿行,在潼关处汇入黄河,渭河下游地势较平坦,河道平缓。潼关以上的黄河河谷较宽,且有辽阔的渭河平原。在潼关处,黄河受秦岭阻挡,转折向东流,中条山和华山将该处的河槽宽度压缩到约900 m,形成了一个卡口。从潼关到三门峡坝址,河槽变窄,两岸地面沟壑冲刷,高低起伏,河道上宽下窄,滩高槽深,主流被缩束在狭窄的河槽内,蜿蜒曲折。

三门峡水库库区范围包括自黄河龙门、渭河临潼、汾河河津和北洛河洑头4个水文站到大坝区间的干支流,流域概况图如图1-2所示。在此区间内加入的集水面积为29 688 km^2,其中,潼关以上为23 408 km^2,潼关以下为6 280 km^2。库区按河道特点可分为四大库段:①黄河龙门至潼关库段长134.4 km,河宽为4~19 km,穿行于陕、晋两省之间,是两省界河,属游荡型河段。②黄河潼关至大坝库段长为113.2 km,河宽为1~6 km,河槽宽度为500 m左右,属峡谷型河段。③渭河临潼至汇入黄河口库段长为127.7 km左右,河宽为3~6 km,两岸是河谷阶地,流经陕西省的临潼、渭南、华县、大荔、华阴和潼关6县,该库段地处关中平原,土地肥沃,为陕西省粮仓之一。④北洛河洑头至汇入渭河口库段长为121.9 km,河宽为1~2 km。两岸为黄土台塬,高出河床50~100 m,土地肥沃,也是陕西省粮仓之一,该库段流经陕西省的蒲城和大荔两县。

三门峡枢纽坝址两岸为地势峻峭的峡谷地带,左岸大部分为陡崖峭壁,右岸稍为平

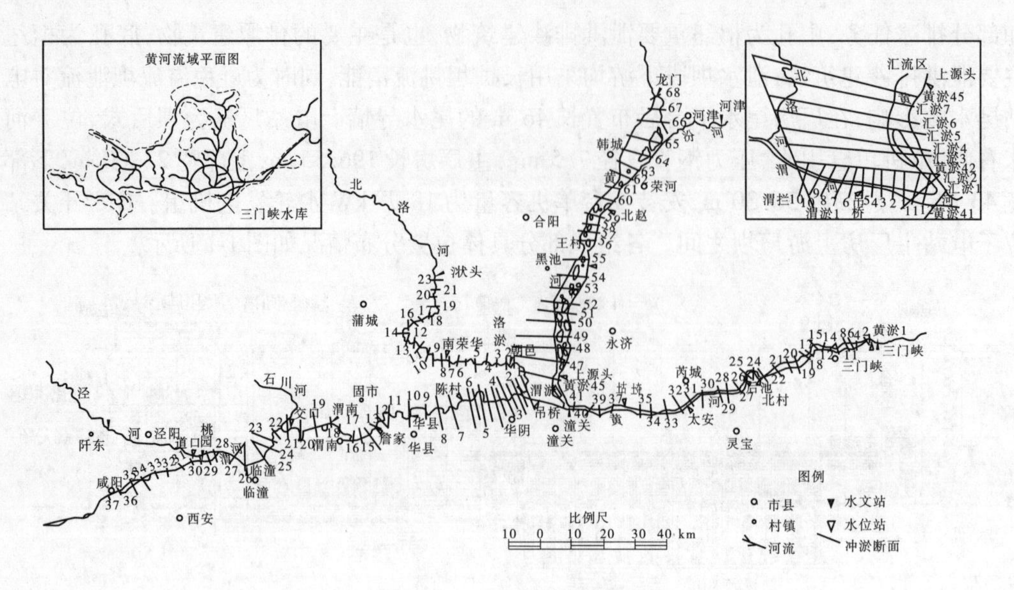

图 1-2 三门峡库区情况

缓。黄河流至三门峡峡谷处，河道由向东流急转为向南流，约成90°拐弯。枢纽坝址坐落在坚硬的闪长玢岩岩体上，地质地形条件优良。河流在峡谷中受矗立河中的鬼门和神门所挡，将河水劈为鬼门、神门和人门三股激流，故名"三门峡"。三门峡水势湍急，浊浪排空，惊涛拍岸，向有"三门天险"之说，拦河大坝就横亘在鬼门岛上游，穿越神门岛尖和左岸人门半岛上游。三门峡水利枢纽工程的大坝和水电站委托苏联专家设计，原设计主要指标为：将千年一遇洪峰（推算洪峰流量为37 000 m^3/s）削减至下游堤防安全泄量为6 000 m^3/s，灌溉农田为6 500万亩，水电站安装发电机组8台，总装机容量为116万kW，年发电量60亿kWh，厂房为坝后式，调节下游河道水深常年不小于1 m，从邙山到入海口通航500 t拖轮，设计正常高水位为360 m，总库容为647亿m^3，淹没耕地325万亩，移民87万人。

为了确保西安市安全和减少近期水库淹没损失，确定三门峡水利枢纽工程分期修筑、分期移民和分期抬高水位运用。按正常高水位360 m高程设计，第一期工程先按正常高水位350 m施工，运用水位340 m。大坝坝顶实际浇筑高程为353 m，相应库容为354亿m^3。335 m高程的库水位，相应库容为96.4亿m^3，水库面积为1 076 km^2。

三门峡水利枢纽工程主要由大坝、泄流建筑物和电站组成，如图1-3所示。大坝为混凝土重力坝，主坝长713.2 m，最大坝高106 m。其中，左岸有非溢流坝段、溢流坝段、隔墩坝段、电站坝段，右岸非溢流坝段；右侧副坝为双绞心墙斜丁坝，在溢流坝段280 m高程设12个施工导流底孔，在300 m高程设12个深水孔，在338 m高程设有2个表面溢流孔。水电站为坝后式电站，设有8条压力发电钢管。

1.4 小浪底水库泥沙概况

黄河小浪底水利枢纽是一座以防洪、减淤为主，兼顾供水、灌溉、发电，除害兴利，综合

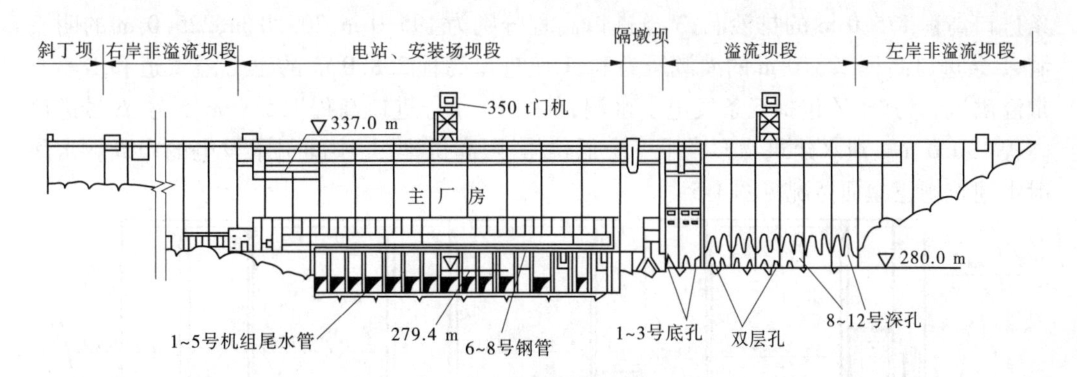

图 1-3　三门峡枢纽下游立视图

利用的枢纽工程,在黄河治理开发的总体布局中具有重要的战略地位。小浪底水库总体处于峡谷地带,库区基本为石山区,库区河谷上窄下宽,平面形态狭长弯曲,入汇支流较多,大支流与干流交接处多为开阔地带,如图 1-4 所示。上距三门峡水库 130 km,下距花园口 130 km,控制流域面积 69.4 万 km^2,占花园口以上流域面积的 95%,控制了黄河径流的 90% 和几乎全部的泥沙,处在控制进入黄河下游水沙的关键部位,在黄河水沙调控体系中具有重要作用。库区干流河段为峡谷型山区河流,正常情况下河道宽 400 ~ 800 m,其中距坝 26 km、长约 4 km 的八里胡同最为狭窄,河宽仅 200 ~ 300 m,受其影响,八里胡同上下游各 10 km 河段淤积较大。库区河道地形有收缩、扩展、弯道等变化。八里胡同以上库区比降为 1.14‰,八里胡同以下库区比降为 0.98‰。

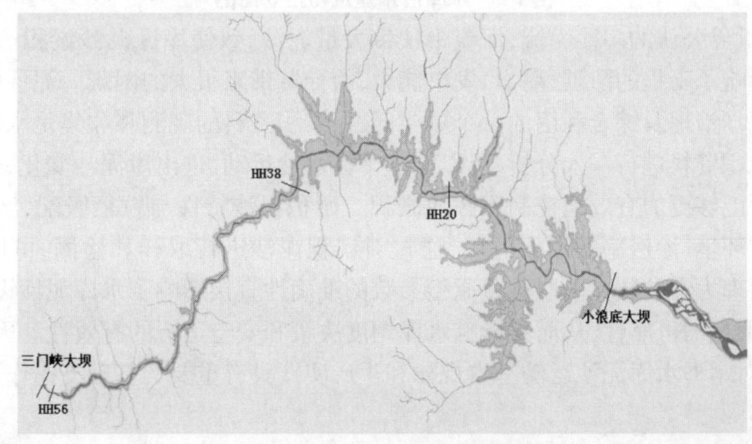

图 1-4　小浪底库区平面图

小浪底水库总库容 126.5 亿 m^3,包括拦沙库容 75.5 亿 m^3、防洪库容 40.5 亿 m^3、调水调沙库容 10.5 亿 m^3,可使黄河下游防洪标准由 60 年一遇提高到千年一遇;小浪底水库 2001 年投入防洪调度运用,采用蓄清排浑的运作方式,利用 75.5 亿 m^3 的调沙库容滞拦泥沙,可使下游河床 20 年不淤积抬高,坝址实测平均径流量 405.5 亿 m^3,输沙量 13.47 亿 t,平均含沙量 30 ~ 35 kg/m^3。在水库最高蓄水位 275 m 时,回水到三门峡水库坝下,区间流域面积 5 730 km^2。

小浪底水利枢纽工程泄水建筑物包括 3 条进口高程 175.0 m 的三级孔板泄洪洞,3

条进口高程 175.0 m 的排沙洞,3 条进口高程分别为 195.0 m、209.0 m、225.0 m 的明流洞,1 条进口高程 223.0 m 的灌溉压力洞,1 座进口高程 258.0 m 的正常溢洪道和 1 座非常溢洪道。另外,还包括 6 条发电引水洞,其中 1 ~4 号进口高程 195.0 m,5 号、6 号进口高程 190.0 m。泄水建筑物形成了一个低位排沙、高位排污、中间引水发电的布局。水库泄水建筑物正立面情况见图 1-5。

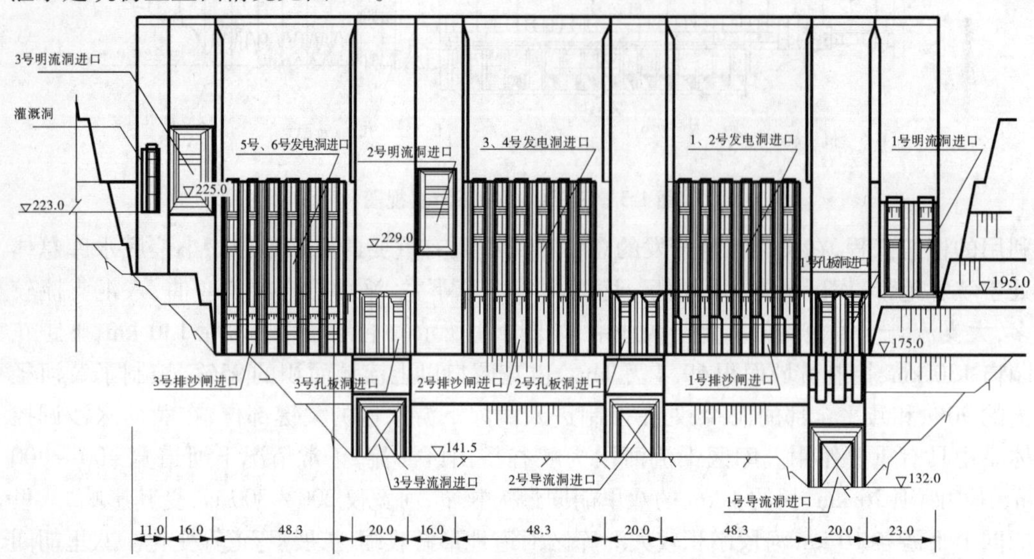

图 1-5 水库泄水建筑物正立面图

黄河是世界公认的多沙河流,河流中挟带大量泥沙,致使库区泥沙淤积严重,缩短了工程寿命,影响了工程的防洪、灌溉、发电能力,给治黄带来很大的困难。泥沙问题是河流发展演变、规划治理及综合利用的一个重要问题,淤积资料的观测和收集是水库淤积研究的基础,对淤积资料进行深入分析,可以深入掌握水沙运动、进出库泥沙变化、库内冲淤变化规律,进而能够更加有效地控制库区的淤积。淤积泥沙特性与粒径级配、淤积时间、埋置深度、堆放环境、渗透率等因素有关,通过对淤积泥沙进行取样和检测,可以获取其组成、密度等物理力学参数。获取这些原型参数的准确性直接影响了水库泥沙设计、计算和模型试验相似比的可靠性,从而将影响水库调度决策和安全运行的有效性。因此,水库原型水文资料对掌握水库泥沙运动基本规律和生产实践具有重要的基础支撑作用。

第2章　水库淤积泥沙取样技术

对于具有干作业测验时机的库区，可以通过取样或同位素方法获取淤积泥沙组成、密度等参数的垂线特征，三门峡、官厅等水库自20世纪60年代起开展过此类作业，但是取样范围和位置有所限制；对于常年蓄水的库区或者库段，水下原状淤积泥沙取样难度大，这方面资料极其匮乏。只有突破泥沙原型测验手段落后的技术瓶颈，才能获取准确详细的相关资料，满足科学研究的更高要求。目前泥沙测验工作主要是对河床表层约5 cm的沙样进行采样和处理，以获得泥沙颗粒级配组成情况。采样仪器多采用锚式采样器和丁字型采样器，个别情况也有直接用横式采样器在河床挖取水样的。这些采样器的主要问题在于：一是采样仪器为开放式的，采样过程对土体扰动大，采样后仪器在提出水面前受水流冲刷，一部分泥沙被涮掉，采样结果不是完整的原状沙样；二是目前采样仅限于表层淤积泥沙，采样深度太浅，加之泥沙淤积的复杂性，所取采样样品的代表性值得商榷；三是缺乏采取深层河床质的仪器，使河床的淤积演变分析存在困难。对此，正确测试淤积泥沙的天然特性，需要改善取样的设备和工艺及试验水平。

2.1　水下淤积物取样技术及设备

目前，黄河淤积泥沙除了常采用的锚式采样器等设备外，其深层取样技术研究尚未见诸于文献，其他领域用于获取水下淤积物的取样器主要有抓斗式、箱式、重力式和振动式等，阐述如下。

2.1.1　抓斗式取样器

抓斗式取样器主要用于较硬质底层沉积物取样，一般在码头或小船上使用，如图2-1所示。

图2-1　抓斗式取样器

该取样器具有一个双向机械装置，能够防止取样器下降时意外关闭，底泥取样器对底面的冲击可触发负载弹簧释放机制。该取样器对于较软淤积泥沙，在从水中提出过程中泄漏厉害。

2.1.2　箱式取样器

箱式取样器以它的取样箱为四方体而得名，主要由底座、取样箱、铲刀、中心体、释放系统以及罗盘六部分组成。它主要依靠重力使取样箱贯入海底淤积泥沙中，然后借助绞车提升使铲刀臂转动90°，扣住取样箱的底部，采上底质样品，如图2-2所示。

电视抓斗取样器主要是通过铠装电缆把抓斗下放至海底，在甲板上可视的情况下，通过指令控制抓斗的开合，如图2-3所示。它是集多种设备于一体的深海底泥取样设备。主要由抓斗、铠装电缆和船上操控系统组成。抓斗上装有海底电视摄像头、光源及电源装置，通过铠装电缆将抓斗与船上操控板及显示器相连接，工作时，用绞车将抓斗下放到离海底5～10 m的高度上，以慢速航行并通过船上的显示器寻找取样目标，一旦找到目标立即下放抓斗，并通过操控板关闭抓斗，完成一次取样。

图2-2　箱式取样器效果图

图2-3　电视抓斗取样器

但是，抓斗式取样器和箱式取样器在进行淤积泥沙取样时对样品扰动较大，且其取样成功率较低。

2.1.3　重力式取样器

重力式取样器可用于水底淤积泥沙的取样，其基本原理是取样器靠自身的重力作用贯入水底，得到近似贯入深度的水底淤积泥沙样品，贯入深度取决于底质的硬度和取样器的结构形状与配重，根据取样管内是否有活塞，又可以分为普通重力式取样器和重力式活塞取样器两种。相对而言，重力式取样器是获取深水条件下淤积泥沙的一种比较常用的方法，目前在海洋淤积泥沙取样方面已有运用，框架式活塞重力取样器如图2-4所示。

国外早在20世纪五六十年代，就开始进行重力式活塞取样器的理论研究和科学实验，如法国调查船上使用的Kullenberg取样器，该取样器的取样长度最大达60 m，适合深水取芯，但是该取样器的质量达到12 t，不适合在普通的小船上作业，极大地限制了其使用范围。浙江大学"十五"期间在"863"计划的支持下开发了深海淤积泥沙重力式保真取样器，但该设备没有很好地解决样品扰动的问题，经过持续资助和不断改进，针对深海可燃冰，在保真保压取样技术和设备方面取得了大量研究成果。

但是，这些针对海洋淤积泥沙的取样设备由于外形大、重量重、价格昂贵等因素，无法满足内陆河流深水水库淤积泥沙样品采集的要求。

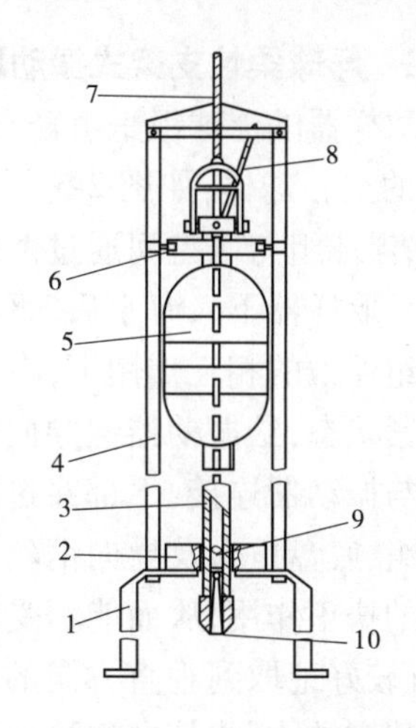

1—支撑腿；2—配重；3—取样管；4—框架；5—配重；6—可移框架；7—钢缆；8—活塞引绳；9—活塞；10—细卡子

图 2-4　框架式重力取样器

2.1.4　振动式取样器

振动式取样器的特点是当取样管作纵向振动时，会使淤积泥沙对取样管的沉入阻力大大降低，而且振动频率愈高，阻力降低得愈显著。使用机械振动式取样器时，必须解决电机的密封和激振频率的确定问题。常用的振动式取样器有刚性支架式振动取样器和浮球柔性支架式振动取样器两种。

2.1.4.1　刚性支架式振动取样器

这种取样器靠振动器来实现取样管的贯入，用引绳将取样管内的活塞固定在导向管上，如图2-5所示。通过活塞可有效地保护样品。俄罗斯的 ВПГТ－56 型振动式取样器在水深500 m的条件下，可贯入砂性淤积物6 m。

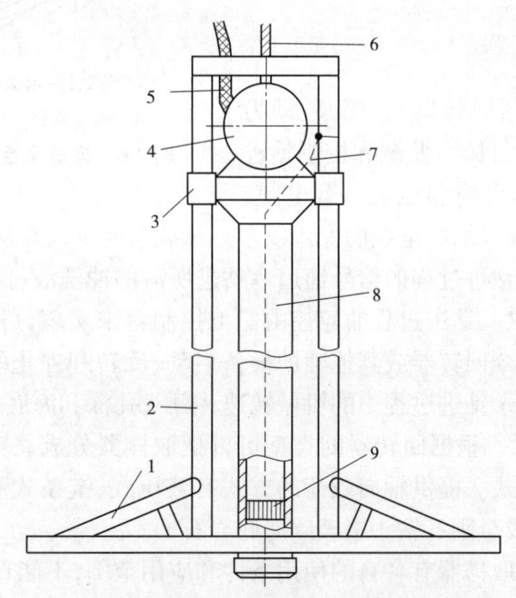

1—支架；2—导向管；3—滑座；4—振动器；5—电缆；6—钢丝绳；7—活塞引绳；8—取样管；9—活塞

图 2-5　刚性支架式振动取样器

2.1.4.2　浮球柔性支架式振动取样器

该取样器的浮球组是由轻质高强度材料做成的空心球体,如图 2-6 所示。底盘的重量较大,浮球组与底盘间通过两根导向钢绳连成一体。取样器下入海水后,钢绳在底盘重力和浮球组浮力的相互作用下,在垂直方向始终处于绷紧状态,给振动器起导向作用。取芯管的上部与振动器连接,下部穿过底盘中心。由于浮球组、底盘重力及导向钢丝绳对振动器和取芯管的扶正作用,从而能不受海底地形的影响,保证较好地取到垂直方向的芯样。这种取样器的特定结构,使其在运输中可非常方便地解体成 4 大件,可在一个很小的空间内组(拆)装,甚至可在不平的月台或直升机上装拆,从而具有很好的携带性。加之其重量只相当于固定支架式振动取样器的 80%,故运输成本较低。加拿大 P－6 型浮球柔性支架式海底取样器在海水深度为 500 m 时,采用直径 102 mm 和 141 mm 的取样管,可分别采取 10 m 和 6 m 长的砂质芯样。

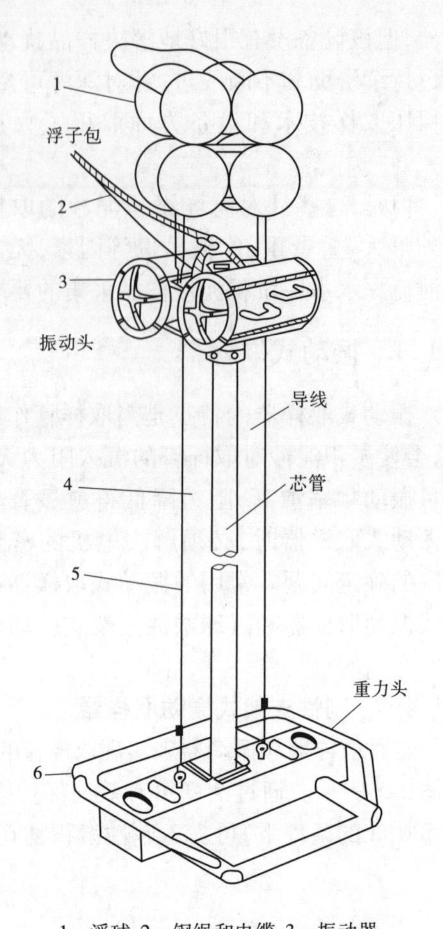

1—浮球;2—钢绳和电缆;3—振动器;
4—取芯管;5—导向钢绳;6—底盘

图 2-6　浮球柔性支架式振动取样器

2.1.5　回转式取样器

回转式取样器包括回转器、钻探泵、动力机(一般为电机或水力机械)、监测和控制钻进过程的执行机构、辅助设施和铠装承载电缆,船上装有可升降钢丝绳或承载电缆的专用绞车。承载电缆不仅是从船上向水下送能源的载体,还是监测和控制钻进过程的信号通道。钻进所需的冲洗液可沿软管从船上供给,也可由水下钻探泵来提供。钻进过程的监控由船上控制台来实现,可监测取样器是否适应海底的地形,可以发出令回转器或其他辅助设备启动、反转和停止的命令,发出钻探泵启动或关闭的命令,可记录钻进过程中的机械转速、泵压、孔深和海底钻孔的倾角等参数,其工艺流程如图 2-7 所示。根据回转器的类型可以把取样器分成立轴式、转盘式和动力头式,最常用的是动力头式。提供轴向载荷的方式有液压式、链条式和螺旋差动给进式,一般采用硬质合金钻头或金刚石钻头来破碎海底岩石。

由上述可知,这些取样器有各自的使用条件和应用范围,不能直接用于黄河库区深层泥沙的取样,但其机械原理和工作原理可为取样器研制提供设计思路和借鉴。

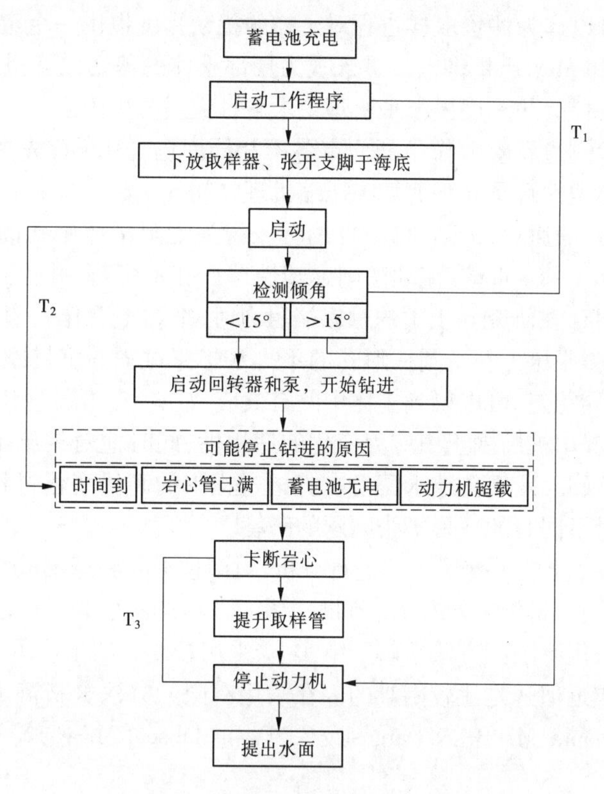

图 2-7　回转取样器的钻进工艺循环框图

2.2　取样器扰动性理论

目前对淤积物取样扰动的研究颇多,多数研究对样品的扰动机理进行了定性描述,而不是定量描述,尤其缺乏对取样管管壁与淤积物样品间法向压力的理论解的定量描述。淤积物是各种矿物和有机物的"未固结"饱和集合体,取样器对淤积物的取样过程与管桩打入不排水饱和软黏土的过程极其类似,而在土力学中已经对管桩理论进行了大量详细的分析,因此可以借助于管桩理论来分析淤积物取样器的低扰动取样机理。目前软黏土中桩的连续静载贯入或动力贯入理论主要有纯剪切理论、孔扩张理论及有限元法。

早在 1932 年 Casagrande 就发现天然黏土的颗粒结构在重塑时被破坏,以后不能恢复,更无法在室内加以复制;Hvorslev 认为土体取样的扰动因素主要包括原位应力的解除、含水量和孔隙比的改变、土结构的破坏、化学变化等;Butterfield 和 Banerjee 提出将平面应变条件下的柱形孔扩张理论用来解决桩体贯入问题,随着内压力的增大,围绕柱形孔的柱形区域将由弹性状态进入塑性状态,塑性区随内压的增大而不断扩大,外侧土体仍保持弹性状态。魏汝龙研究软黏土取样扰动的影响,认为取土扰动主要由以下因素引起:将土样从地基中取出而卸除上覆和周围的压力,引起作用于土上的有效应力发生变化。王建华开展不同工程场地土层的原位剪切波速和相同场地原状土样的室内剪切波速比较试验,发现随着土性的不同,剪切波速的变化程度也不同,因此认为剪切波速是一个十分重要的土层动力指标，可以作为评价取样过程对土样的扰动程度提供一个定量的参考指标。Meyehrof、Durgunoglu 和 Meyerhof 将桩尖贯入视为局部土体的剪切破坏过程，该局部土体被视为刚塑性无体变材料，并采用极限平衡理论求解桩尖贯入极限阻力，如等理论均属此类，只是对破坏区形状或边界应力作出的假定各不相同而已。Hill 首先提出球形孔扩张理论，孔扩张理论的弹塑性解是介于剪切与压缩机理之间的一种中间理论，并得到 Tresca 材料中压力—扩张关系的通解；Vesic 将单桩的沉入视为无限土体中孔的扩张；Chadwick 得到服从相关联的 Mohr – Coulomb 流动法则弹塑性球形孔扩张解，并得到纯黏性不可压缩材料的近似解；Landay 在研究黏土中的触探端阻力时，把黏土看作是应变软化的材料，得到球形孔洞的极限膨胀压力。呈圆柱形孔的不排水扩张过程。沉桩刚完成时，桩周围土体进入剑桥模型临界状态，可以得到土体中的有效应力。樊良本通过开展桩模拟试验，验证圆孔扩张理论解释单桩周围土中应力变化的适用性，同时他对桩施工过程中孔隙水压力的分布情况进行观测，发现孔隙水压力在打桩过程中的起伏变化过程。王启铜等提出考虑土体拉、压模量不同时的柱形扩张问题的解答。

Yu&Houlsby 对膨胀土的大变形扩张进行分析，对圆柱形孔和球形孔扩张采用统一形式，求得极限内压，以便分析极限承载力。同时指出，如果考虑土体的大变形、土体的压缩性和塑性变形，需要采用有限元方法求解。事实上，采用较复杂的土体本构关系和边界条件时，要求得解析解或近似解是比较困难的。在采用有限元方法分析静力沉桩过程方面的研究集中体现在 Chopra、M. B. & Dargush, G. F. 和 Mabsout M. E. & Tasoulas J. L. 的工作上。

中国地质大学的鄢泰宁、补家武对海底取样技术进行了一系列的研究，详细地介绍了国外海底取样技术的现状及发展趋势，总结分析非可控式、可控式及浮球式海底取样器的结构及工作原理，进行海底取样器的理论探讨及参数计算。利用土体的库仑强度理论，计算淤积物进入取样管形成“桩效应”时的极限高度，并以此为依据，给出取样器设计参数的计算方法。

中国海洋大学的张庆力、刘贵杰、刘国营设计一种新型海底淤积物取样器，这种取样器在贯入海底淤积物之后，利用海水的压力将取样器封口装置中的液压油高度压缩，利用压缩的液压油驱动油缸完成取样器的封口动作。他们对采样系统采样过程进行动态理论分析和 FLUENT 数值仿真分析，得到采样器自由落体的高度与下落速度和阻力的关系，采样器质量与下落速度的关系，以及采样器攻角与采样阻力的关系。

海军海洋测绘研究所的阮锐对海底取样技术进行探讨，分析淤积物取样技术的主要用途及取样作业的技术关键。说明重力取样存在的缺陷，如不适用于硬质海底、存在“桩效应”问题、样品的原始状态改变、样品的体积受限等。

浙江大学的秦华伟、王天宇对海底表层样品低扰动取样及保真技术进行了深入的研究。秦华伟采用球形孔扩张理论来模拟取样器贯入淤积物的过程，并根据研究结果，得出取样器刀头的设计准则，确定理想的刀头尺寸，以达到降低取样过程中样品扰动和压力变化的目的。对压力筒体的应力进行分析，得出筒体壁厚、支撑环的设计准则，并验证压力筒体各段螺纹连接的可靠性。研究样品在保压筒内的保压及补压技术。基于上述研究结果和设计准则，设计三项国家 863 项目的取样器：机械手持式淤积物保真取样器、淤积物保真取样系统和天然气水合物保温保压取样器。王天宇在对 10 m 取样器研究的基础上，设计 30 m 天然气水合物保真取样器，并根据受阻力情况对保真筒进行压杆稳定校核。周文等应用非线性有限元分析方法，对管状取样器取样过程中的沉积物扰动状况进行研究，建立取样管与沉积物接触的二维轴对称有限元模型，重点分析取样时取样管内沉积物的变形、应力和应变状况，结果表明取样管贯入过程中沉积物应力、应变均产生变化，扰动显著。

吉林大学的谭凡教、陈洪泳、殷琨、王如生进行受冲击荷载作用土体变形的有限元研究。他们提出可以把土体当作一种弹塑性材料，把钻头冲击土体的过程抽象为一个半无限体在圆环面上受均布力作用的问题。通过建立合理的计算模型，采用 ANSYS 有限元分析中的瞬时动态分析来模拟土体受冲击变形的过程，以此来探讨在钻头结构一定、输出冲击功一定的条件下，其所能贯入土层的深度以及钻头对柱状土芯的扰动情况。经分析提出：土体轴向压缩量在钻头底唇面处针对多泥沙河流粗沙河床采样，虽然有水深较浅、船只易于固定等便于作业的有利条件，但是也有其特殊性和复杂性：一是尽量避免在河槽陡峭边壁作业，防止设备下放过程中倾倒发生事故；二是尽量减小采样器的重量和尺寸，以减小船只的运行成本。

2.3　淤积泥沙干容重理论

不同于海洋环境及岩土工程取样，水库淤积泥沙干容重在水库冲淤、河道演变、河流模拟等问题研究中具有重要的理论意义及广泛的实用价值，一直为众多研究者们所关注。王玉成、韩其为基于球态、无交错排列模式，建立细颗粒泥沙（$d<1$ mm）干容重的理论计算公式和粗颗粒泥沙（$d>1$ mm）的经验公式；基于粗、细沙的填充模式，探讨非均匀泥沙干容重的计算方法。E. W. Lane 和 V. A. Koelzer 提出包含有水库运行方式、淤积历时在内的干容重经验公式。张耀哲通过对水库实测干容重资料的分析，阐明水库泥沙干容重的分布规律，从浑限空隙率的概念入手，建立不同时期水库淤积物的初始干容重和稳定干容重及淤积过程计算公式，并验证计算表明公式具有较高的精度和准确度。韩其为基于压密理论，从假设的有效应力分布函数入手，探讨干容重随淤积年限、淤积厚度等的分布规律，并利用丹江口水库实测资料进行检验。浦承松等基于浑水容重随浆体含沙浓度增大而增大的变化规律，将床面含泥浓度与泥沙极限浓度联系起来，获得了包含有泥沙粒径、级配及形状等因素在内的非均匀泥沙干容重的计算公式，并对公式中含有的相关参数，用实测资料给予确定。詹义正等利用浑水容重与含沙浓度间的变化规律，建立了干容重与床面泥沙的含泥浓度间的关系；并将含泥浓度与浆体极限浓度有机地联系起来，从而获得了包含有泥沙粒径、级配及形状等因素在内的非均匀泥沙干容重的计算公式。石雨亮等通过分析泥沙干容重及水下休止角的影响因素，从极限浓度和干容重的关系出发，推导出干容重的计算公式，运用散体沙的揳入堆积模型，推导散体沙的水下休止角计算公式，并结合干容重计算公式，计算散体沙的水下休止角。舒彩文等在建立球态和非球态两种分析模式的基础上，针对均匀、无交错及有序排列情况，采用一种新的方法建立均匀沙理论干容重计算公式，并引进形状指数，探讨旋转椭球及球态粒子等沙粒形状对泥沙干容重的影响。王兵等从浑水容重与浆体浓度的理论关系式出发,基于微量变化原理,将其应用于床面含泥浓度较高的情况,并进一步将浑水容重与泥沙干容重以及河底当量浓度与浆体极限浓度等联系起来,获得包含有泥沙粒径、级配等因素在内的非均匀沙干容重计算公式。

第3章　淤积泥沙层理结构

泥沙成层分布在黄河这种多沙河流上普遍存在,早在20世纪50年代和此后不同时期进行的黄河河床地质勘探时,就发现黄河下游河床呈典型的成层淤积结构;在对黄河支流渭河的野外查勘中,水文工作人员发现渭河临潼—华县河段河床也存在着明显的分层现象。对于层理淤积结构出于不同的研究目的,研究也有所不同。

3.1　河道淤积泥沙层理结构

3.1.1　黄河小北干流河段物质层理淤积结构

江恩惠、李军华等在探索研究黄河"揭河底"现象发生的过程和主要特征时发现,"揭河底"现象的发生与其河床组成有着十分紧密的联系。通过黄河小北干流河段8个断面现场开挖情况表明,每个断面都存在着明显的分层现象,且其中有5个断面上都存在密实的胶泥层,有的胶泥层厚可达40 cm左右,如图3-1(a)、图3-1(b)所示。这种分层现象在黄河下游也同样存在,如图3-1(c)为黄河下游狼城岗断面附近河床的分层现象。

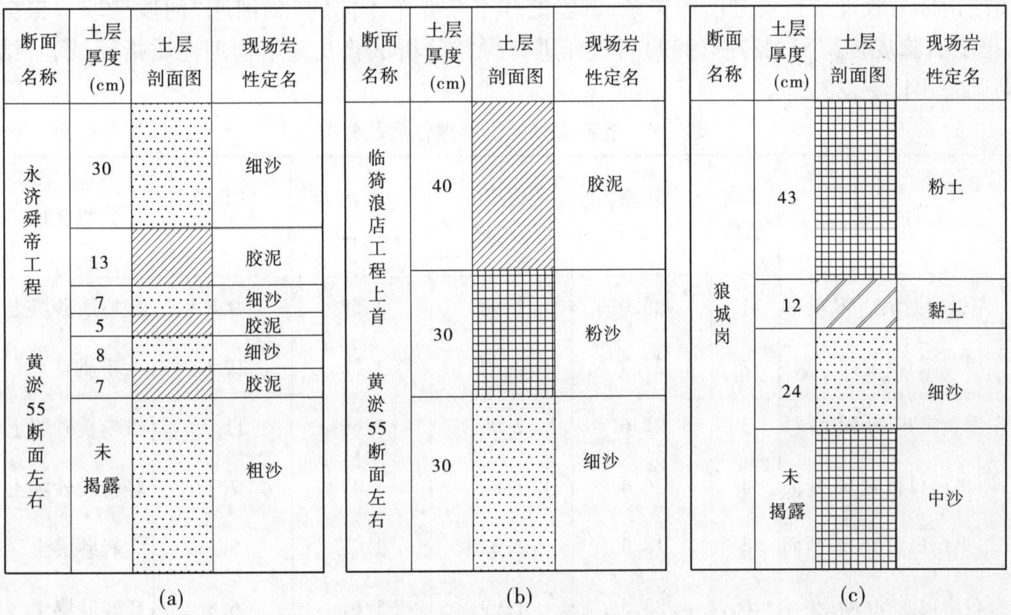

断面名称	土层厚度(cm)	土层剖面图	现场岩性定名
永济舜帝工程 黄淤55断面左右	30		细沙
	13		胶泥
	7		细沙
	5		胶泥
	8		细沙
	7		胶泥
	未揭露		粗沙

(a)

断面名称	土层厚度(cm)	土层剖面图	现场岩性定名
临猗浪店工程上首 黄淤55断面左右	40		胶泥
	30		粉沙
	30		细沙

(b)

断面名称	土层厚度(cm)	土层剖面图	现场岩性定名
狼城岗	43		粉土
	12		黏土
	24		细沙
	未揭露		中沙

(c)

图3-1　断面现场开挖分层情况

叶青超认为,长期以来在地壳沉降过程中,黄河中下游地区不断接受黄土高原泥沙的沉积且泥沙粗细不同形成了河床的垂向二元结构。根据陕西省第二水文地质工程地质队

1983 年测得的黄河朝邑至潼头河床地质横剖面(如图 3-2 所示)揭露来看,上部全新统晚期地层(Q_{4-2})多为细沙、中沙或极细沙和粉沙,下部全新统早期地层(Q_{4-1})主要为砾石及中粗沙或细沙,河床地质明显呈分层结构。

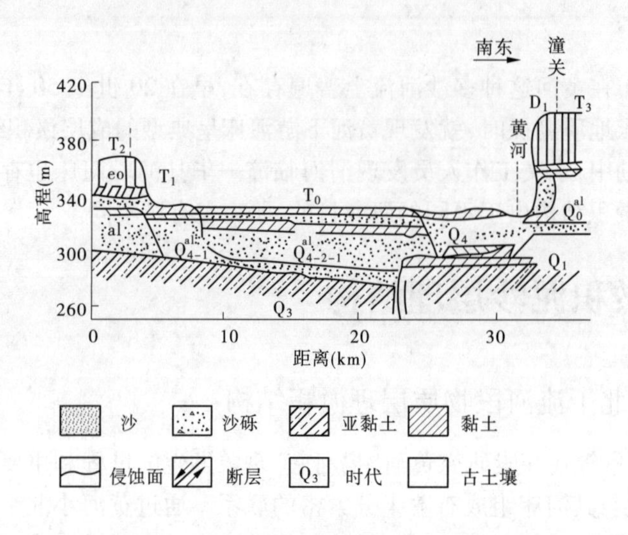

图 3-2 黄河朝邑至潼关河床地质横剖面

张丽、田雨、董文胜对"揭河底"原型河段土样进行土工试验,研究分析了干含水量、塑性指标与胶泥层抗剪强度的关系,试验的样本在 6 个不同的"揭河底"河段选取。根据《土工试验规程》(SL 237—1999)对试样进行颗粒分析试验及基本物理性质指标试验,结果见表 3-1 及表 3-2。

表 3-1 各断面试样的物理性质及分类

野外编号	室内编号	含水率 ω (%)	湿密度 ρ (g/cm³)	干 ρ_d (g/cm³)	塑性指数 I_p	分类名称
左岸黄淤浪店 4# 坝	1	25.0	1.98	1.58	9.8	轻粉质砂壤土
左岸黄淤 67 断面下层	2	27.9	2.02	1.58	19.6	粉质黏土
左岸黄淤 67 断面上层	3	21.6	2.06	1.69	11.7	重粉质砂壤土
右岸禹门口黄淤 68 断面	4	26.4	1.86	1.47	7.7	轻粉质砂壤土
左岸禹门口黄淤 68 断面	5	18.3	2.02	1.71	5.3	轻砂壤土
右岸黄淤 50 断面	6	23.5	1.99	1.61	6.8	轻砂壤土

表3-2　各断面试样的颗粒级配组成　（%）

野外编号	室内编号	砂粒(mm)		粉粒(mm)		黏粒(mm)	
		2.000~0.500	0.500~0.250	0.250~0.075	0.075~0.050	0.050~0.005	<0.005
左岸黄淤浪店4#坝	1	0	0	2.0	37.0	55.3	5.7
左岸黄淤67断面下层	2	0	0	7.7	3.1	59.0	30.2
左岸黄淤67断面上层	3	0	0	4.3	14.5	74.9	6.3
右岸禹门口黄淤68断面	4	0	0	6.7	21.4	67.8	4.1
左岸禹门口黄淤68断面	5	3.3	6.7	38.0	13.7	33.4	4.9
右岸黄淤50断面	6	0	0	7.7	46.1	41.1	5.1

3.1.2　渭河临潼河段河床物质层理淤积结构

渭河下游临潼河段是泾河入渭后的上段河道，水沙异源特征明显，河床冲淤及组成较为复杂。据交通部公路设计院耿镇桥勘探资料，河床冲积层厚17~18 m。河床沉积物下层物质较细，河床质为粗沙夹砾石，漫滩沉积沙质黏土；上层物质变粗，河床质为砂砾石，漫滩沉积粉沙和黏质沙土。据交口铁路桥勘探资料，河床冲积层厚13~18 m，南岸（下部）老河槽沉积物比较细，向北迁移的新河槽（上部）颗粒变粗。高河漫滩下部的河床为中细沙夹小砾石，低漫滩与河槽的河床质为中粗沙夹砾石。冯普林、王灵灵等选择渭淤24断面—26断面为典型断面进行河床地质开挖和层理结构研究，进行了原状及级配取样和相关试验分析。渭河高漫滩从上至下呈上粗下细的二元结构特征，按沉积相可分为漫滩相沉积物与主槽沉积物。

3.1.2.1　渭淤24断面

以渭淤24断面为例，其开挖位置为渭河左岸河槽嫩滩边缘。依据层理结构剖面，河床物质从滩面到枯水位共分为9层，依次为粉土（含粉沙）、粉土（含细沙）、淤泥质粉质黏土、粉土与粉沙互层、粉土、中沙、淤泥质粉质黏土、中沙、卵石层。即在河槽粗粒相堆积层之上，漫滩相沉积的细粒层又可分为从粗至细两个旋回的沉积特征。第1、2层均为粉土，为高漫滩相洪积物特征，土的结构表现为团块状；第3层呈褐灰色，为淤泥质粉质黏土，有机质含量为5%~10%，表现出接近静水环境的沉积特征，断面可见毫米级沉积层理，分析该层为牛轭湖相沉积；第4层为粉土与粉沙互层，单层厚度为厘米级，反映出这一沉积时期河流流量变化较大，可能为洪峰末期流量振荡期，在同一地点由于流量变化而引起流速的振荡，因此分层沉积了多层粗细相间的互层状沉积物；第5~7层为另一洪水—平水的沉积旋回，其中第7层与第3层具有相同的特征，呈浅灰黑色，有机质含量为5%~10%；第8、9层为主槽粗粒相沉积物，特别是第9层卵石，呈现黑灰色，应为枯水期富含大量有机质的河水絮凝、生化作用导致有机质沉淀、污染所致。

根据河床物质取样分析结果,河床物质主要为粉土、粉质黏土和砂砾石,共有两个粉质黏土层,其中 024－03 层(取土深度为 0.43 m)的平均粒径为 0.02 mm,塑性指数为 11.9,干密度为 1.34 g/cm^3;024－05 层(取土深度为 0.98 m)的平均粒径为 0.02 mm,塑性指数为 12.8,干密度为 1.23 g/cm^3。考虑到粒径小于 0.010 mm 的细颗粒易发生明显的絮凝现象而形成胶泥层,故结合级配曲线对两个粉质黏土层中 0.010 mm 以下的细颗粒含量进行推算,得到 024－03 层细颗粒含量为 38.5%,024－05 层细颗粒含量为 42.5%。

3.1.2.2 渭淤 25 断面

依据层理结构剖面,河床物质从滩面到枯水位共分为 12 层,依次为粉土、粉土、粉土、粉土、粉土、粉质黏土、粉土、淤泥质粉质黏土、粉细沙、粉土、粉土、卵石层。其中,第 11 层之上均为漫滩相沉积物,可分为洪水—平水 5 个沉积旋回,洪积物具团块结构,土质不均,断面可见粉土中夹有粉细沙团,可见水平层理,但不发育,平水期冲积物厚度为 2～19 cm,沉积物颗粒均匀、较细;第 8 层淤泥质粉质黏土呈流塑状,干密度为 1.26 g/cm^3,固结程度很低;从第 11 层开始往下,颜色呈浅灰色,说明土中有机质含量增加,推测该层为牛轭湖相静水沉积;第 12 层卵石为河槽沉积物,呈浅黑色,应为上部有机质浸染或者是在上部粉土沉积前的枯水期河水中有机质絮凝生化等作用沉淀形成的。

根据河床物质取样分析结果,河床物质主要为粉土、粉质黏土和圆砾,共有两个粉质黏土层,其中 025－06 层(取土深度为 0.75 m)平均粒径为 0.02 mm,塑性指数为 10.5;025－08 层(取土深度为 1.14 m)平均粒径为 0.05 mm,塑性指数为 10.7,干密度为 1.28 g/cm^3。结合级配曲线对两个粉质黏土层中 0.010 mm 以下的细颗粒含量进行推算,得到 025－06 层的细颗粒含量为 37.5%;025－08 层的为 32.5%。

3.1.2.3 渭淤 26 断面

依据层理结构剖面,河床物质从滩面到枯水位共分为 10 层,依次为粉土、粉土、粉土、粉土、粉质、黏土、粉质黏土、粉土、淤泥质粉质黏土、细沙卵石。其中:第 1～8 层为漫滩相沉积物,第 9、10 层为河槽相沉积物,第 1～8 层可分为洪水平水 4 个沉积旋回,第 8 层淤泥质粉质黏土呈浅黑灰色,流塑状,可见水平层理,应为接近牛轭湖相的静水沉积环境的沉积特征,有机质含量为 5%～10%,干密度为 1.20 g/cm^3,固结程度很低;第 9、10 层为河槽相沉积物,第 9 层应为边滩沉积,第 10 层为主槽沉积,呈黑灰色,应为枯水期河水中有机质絮凝生化作用沉淀形成根据河床物质取样分析结果,河床物质主要为粉土、粉质黏土和砂砾石,共有 3 个粉质黏土层,其中 026－05 层(取土深度为 1.21 m)平均粒径为 0.057 mm,塑性指数为 13.1,干密度为 1.35 g/cm^3;026－06 层(取土深度为 1.35 m)平均粒径为 0.027 mm,塑性指数为 11.2;026－08 层(取土深度为 3.15 m)平均粒径为 0.029 mm,塑性指数为 18.2,干密度为 1.54 g/cm^3。结合级配曲线对两个粉质黏土层中 0.010 mm 以下的细颗粒含量进行推算,得到 026－05 层、026－06 层、026－08 层的细颗粒含量分别为 30.0%、20.0%、31.0%。

综合分析上述三个断面的层理结构,发现渭河下游沉积层受渭河主河道摆动控制。渭河高漫滩从上至下呈上粗下细的二元结构特征,按沉积相可分为漫滩相沉积物与主槽沉积物。总体上上部细粒相为漫滩沉积物,下部粗粒相为河槽沉积。上部细粒相从成因上又可分为洪水期洪积物与平水期的冲积物及牛轭湖相的静水沉积物。洪水期洪积物具团块结构,土质不均;平水期冲积物颗粒细分均匀,层理发育;牛轭湖相静水条件下沉积淤泥质土,富含有机质。下部粗粒相河槽沉积物又可细分为主槽沉积的卵石及边滩沉积的中细沙在枯水期,渭河流量较小,受沿岸城市污水影响,渭河河水富含大量有机质,通过絮凝生化等作用沉淀,是下部卵石中富含有机质的根本原因。

3.2　水库淤积泥沙层理结构

2004 年 10 月,黄河水利委员会水文局在三门峡库区设置了 9 个钻孔断面,其中在潼关以上布设 6 个断面,潼关以下布设 3 个断面,分别是黄淤 8 断面、黄淤 20 断面、黄淤 36 断面;潼关以上黄河干流布设 3 个断面,分别是黄淤 49 断面、黄淤 60 断面、黄淤 64 断面。渭河布设 2 个断面,分别是渭淤 2 断面(华阴附近)和渭淤 18 断面(渭南附近)。洛河布设 1 个断面,即洛淤 8 断面(大荔附近)。黄河、渭河、洛河 9 个断面共布置钻孔 18 个,每个断面布置 2 个钻孔,左右岸滩地均衡时每岸各布置 1 个钻孔,左右岸滩地不均衡时大滩布置 2 个,小滩不布置。钻孔的布置应具有代表性,即 1 个钻孔时布置在滩地中间,2 个钻孔时均匀布置。滩地淤积物不同粒径沿深度变化情况,每个断面基本上都钻到 1960 年建库前的老河床。具体变化情况如图 3-3 ~ 图 3-9 所示。

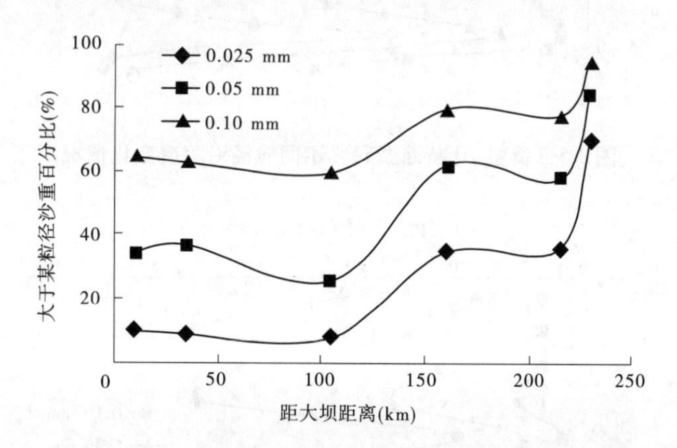

图 3-3　三门峡库区滩地(钻孔取样)不同粒径沿程变化

从图中可以看出,①由于水流的分选作用,离坝越远,淤积物粒径越粗;②由于三门峡水库 1960 ~ 1964 年为蓄水拦沙运用,粗细泥沙均淤积,因此黄淤 8 断面和黄淤 20 断面淤积物沿深度变化波动也较大,粗细泥沙均有;③在龙门至潼关区间,受水库回水影响和水流分选的共同作用,基本上都是较粗的泥沙。

图 3-10、图 3-11 为 2004 年 10 月渭河渭淤 2 断面和渭淤 18 断面滩地淤积物不同粒径沿深度变化情况。同一粒径百分数渭淤 2 断面较渭淤 18 断面细。

图 3-12 为 2004 年 10 月北洛河库区洛淤 8 断面滩地淤积物不同粒径沿深度变化情况。从图中可以看出,由于洛淤 8 断面距潼关约 77 km,受水库回水影响不大,基本靠水流自然分选落淤,同一粒径百分数沿深度变化不大。

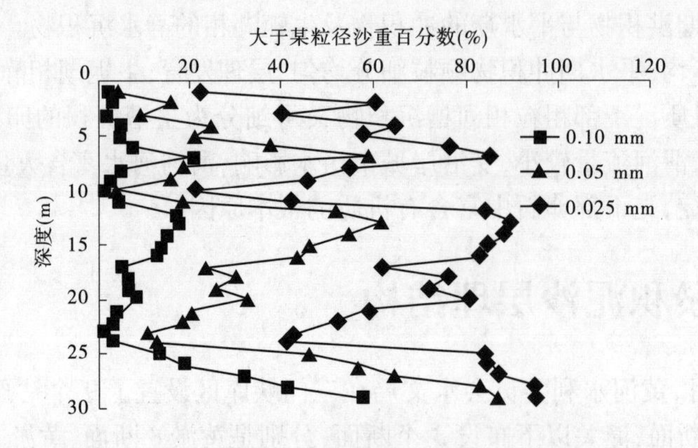

图 3-4　黄淤 8 断面淤积物不同粒径沿深度变化情况

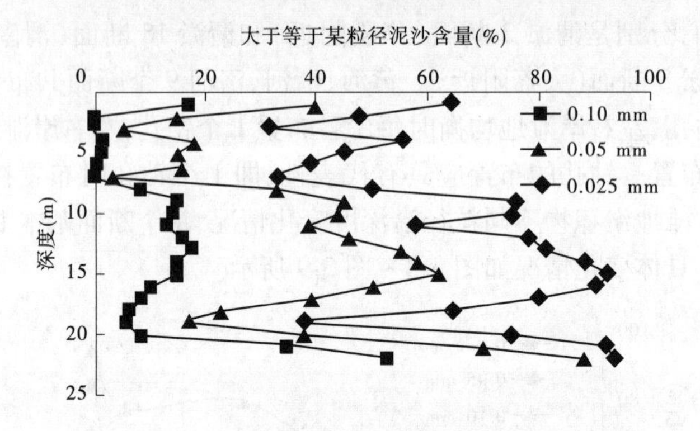

图 3-5　黄淤 20 断面淤积物不同粒径沿深度变化情况

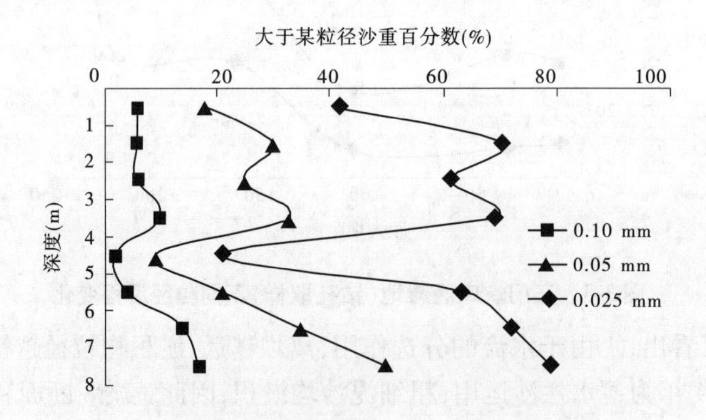

图 3-6　黄淤 36 断面淤积物不同粒径沿深度变化情况

综合三门峡库区滩地钻孔取样结果分析得出：

(1)潼关以下 $d \geqslant 0.025$ mm、$d \geqslant 0.05$ mm 和 $d \geqslant 0.10$ mm 滩地淤积物所占百分数分别为 62.3%、31.2% 和 8.5%，淤积较细；潼关以上 $d \geqslant 0.025$ mm、$d \geqslant 0.05$ mm 和 $d \geqslant 0.10$ mm滩地淤积物所占百分数分别为 71.3%、50.2% 和 30.7%，是淤积物最粗的河段；全库区 $d \geqslant 0.025$ mm、$d \geqslant 0.05$ mm 和 $d \geqslant 0.10$ mm 滩地淤积物所占百分数分别为 67.9%、43.0% 和 22.2%。

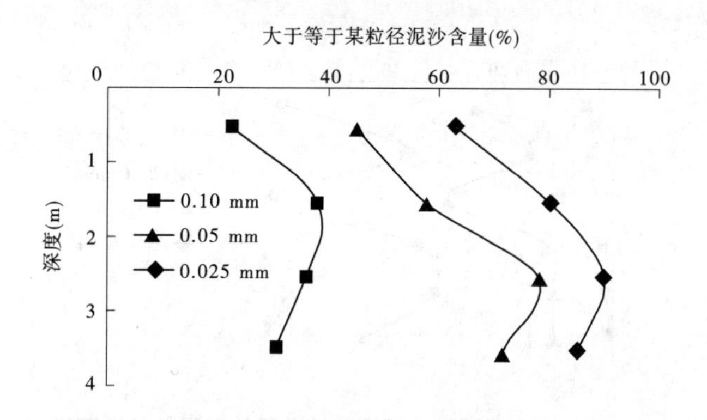

图3-7　黄淤49断面淤积物不同粒径沿深度变化情况

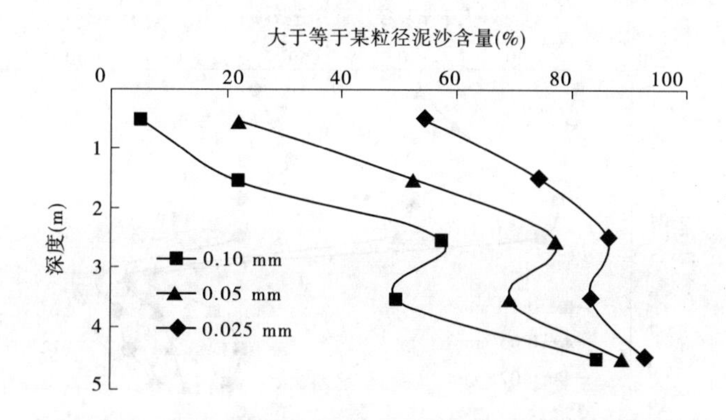

图3-8　黄淤60断面淤积物不同粒径沿深度变化情况

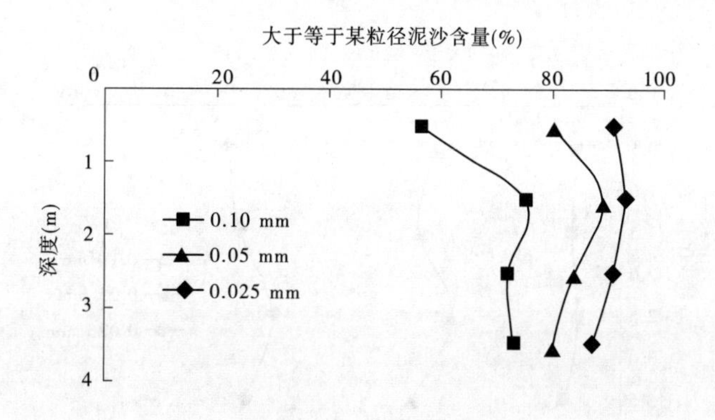

图3-9　黄淤64断面淤积物不同粒径沿深度变化情况

(2)滩地淤积物粒径组成,潼关以下受水库不同时期运用方式的影响,沿深度方向变化复杂,粗细交替,与整个库区相比,淤积物粒径较细;潼关以上主要受上游来水来沙和水流挟沙作用影响,淤积物粒径较粗。

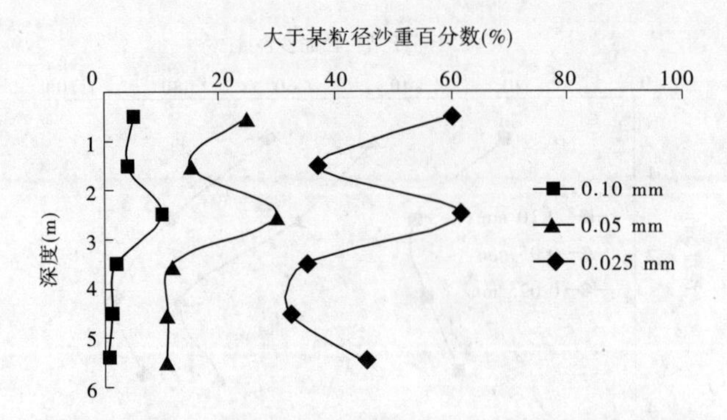

图 3-10 2004 年 10 月渭淤 2 断面滩地淤积物不同粒径沿深度变化

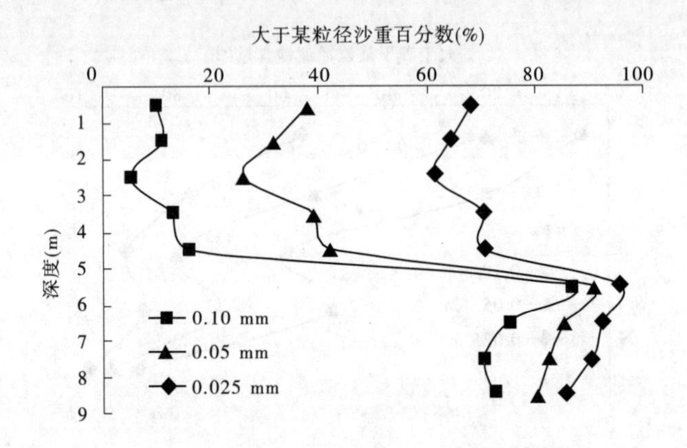

图 3-11 2004 年 10 月渭淤 18 断面滩地淤积物不同粒径沿深度变化

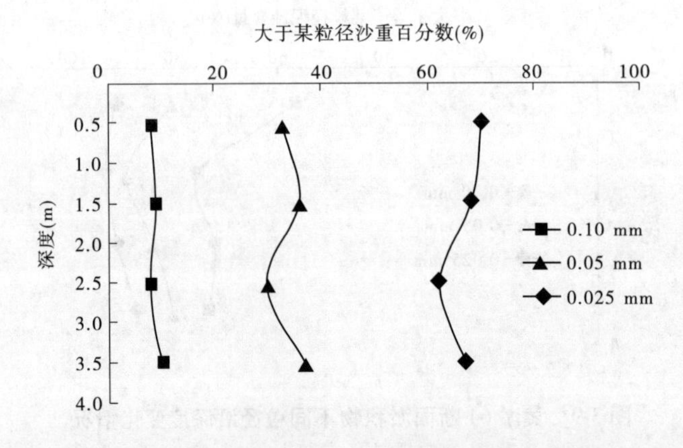

图 3-12 2004 年 10 月北洛河库区洛淤 8 断面滩地淤积物不同粒径沿深度变化

3.3 湖泊淤积泥沙层理结构

易朝路等在长江中游的长湖、白露湖、洪湖、东湖、汤孙湖、刁叉湖、网湖、黄盖湖、赤东湖和策湖等 30 个现存和已消失的湖泊沉积物及其周围的水稻土取样调查，从中选择四个有代表性的湖沼沉积地点进行微观研究。在每个地点钻取 1 ~2 个深 0.7 ~2.25 m 的浅孔,样品储存于 1 m 长的 PVC 管(内径 48 mm)和有机玻璃管内(内径 58 mm)。采用切片方法,利用扫描式电子显微镜(SEM)确定长江中游湖泊沉积物的微结构(矿物特征和硅藻形态)。揭示湖泊环境的变化。采样点选取四个有代表性的湖沼沉积地点进行微观研究。

钻孔中有三种黏土。一种是浅色黏土,包括灰棕色、浅灰色、深灰色和灰黄色。一种是颜色较暗、质地较硬的青色黏土,一种是质地较软的黑色黏土。各孔岩相特征见表 3-3。

表 3-3　湖沼黏土的岩相特征与微结构类型

网湖钻孔 1				东湖钻孔 1				东湖钻孔 2			
深度(cm)	距今年代(ka)	沉积物描述	典型微结构	深度(cm)	距今年代(ka)	沉积物描述	微结构特征	深度(cm)	距今年代(ka)	沉积物描述	典型微结构
0 ~2		含有机碎屑的深灰色软泥	不详	0 ~18		含有机碎屑的暗色软泥	不详	0 ~15		含有机碎屑的深灰色软泥	A +,D −,P −
2 ~5		含有机碎屑的棕黄色软泥		18 ~45		深灰色黏土	A +,D −	15 ~24	0.05 ~0.08	灰棕色黏土	A +,D −
5 ~43	0.014 ~0.09	灰棕色黏土	A +,D −,O −	45 ~63	? ~1.8	青色黏土	G +,A −	24 ~46	0.08 ~0.15	含贝壳灰棕色黏土	A +,D −
43 ~90	0.09 ~0.166	具粗略层理的灰棕色黏土	L +,O +,A +					46 ~63	0.15 ~0.21	灰棕色黏土	A +,D −
90 ~140	0.166 ~0.47	灰棕色黏土	A +,D −					63 ~105	0.21 ~0.35	浅灰色黏土	A +,D −
								105 ~146	0.35 ~0.49	黄灰色黏土	A +,D −

续表 3-3

洪湖钻孔 1				洪湖钻孔 2				大九湖钻孔 1			
深度(cm)	距今年代(ka)	沉积物描述	典型微结构	深度(cm)	距今年代(ka)	沉积物描述	微结构特征	深度(cm)	距今年代(ka)	沉积物描述	典型微结构
0~10		含有机碎屑的深灰色软泥	A+,D−,P−	0~12		含有机碎屑的深灰色软泥	不详	0~60	<30	含大量植物根系的深灰色黏土	不详
10~52	0.14~0.45	灰棕色黏土	A+,D−	12~110	0.063~0.58	灰棕色黏土	A+,D−	60~678	1.3~1.7	灰色黏土	A+,D−,O−,F−
52~84	0.45~0.89	黑色黏土	P+,A−	110~200	0.58~0.94	黑色黏土夹青色黏土	P+,A−	78~100.5	1.7~2	黑色黏土	P+,A−
84~136	0.89~2.54	青色黏土	G+,A+,D−	>200	>0.94	棕黄色黏土	G+,A+,D−	100.5~109	2~2.4	灰棕色黏土	A+,D−,F−
>136	>2.54	棕黄色黏土						109~122	2.4~2.8	黑色黏土	A+,D−O−,F−
								122~105	2.8~3.55	灰棕色黏土	A+,D−,O−,F−
								150~174	3.55~4.2	黑色黏土	P+,A−
								174~225	4.2~5.1	灰色黏土	A+,D−,L,O+
								>225	>5.1	河流砂砾石	

注:表中 A—絮凝结构;D—硅藻生物结构;F—鱼骨结构;G—凝胶结构;L—显微层理构造;O—定向构造;P—植物纤维结构;+频繁出现;−偶然出现。

以上总结了关于河段、库区、湖泊的淤积物层理结构特点，通过分析不难发现，河段、库区、湖泊等复杂的来水来沙过程，导致其淤积质层理的厚度、颗粒几何特性、物质组成、结构特点、力学特性等均有不同，因此采用的研究方法各有不同，层理判别依据也根据河床物质所处环境、研究目的和研究内容等各不相同。

第4章 深水库区取样设备设计

4.1 取样设备原理及工作过程

4.1.1 原理及结构

深水库区取样设备的基本原理是利用取样器本身重力,将中空的取样管直接贯入淤积泥沙,并利用密封装置确保样品在提升过程中不掉落。重力取样器的设计难点就是如何保证在重力取样器贯入淤积泥沙时,使淤积泥沙顺利进入取芯管,在提起取样器时,能通过一套密封装置,使取样管两端密封,保证取样成功率。

借鉴海洋取样技术,取样设备主要由配重装置、触发装置、取样装置及其他附属部分组成,如图4-1所示。配重装置主要由锥形底板、铅块配重及法兰管构成,利用其重力尽量使取样器贯入淤积泥沙层;触发装置由杠杆、重锤缆和重锤组成,该装置能够控制取样器在距离河床特定高度贯入库区淤积泥沙;取样装置由取样管、PC衬管、活塞、刀头及密封机构组成,该部分装置的作用是对淤积泥沙进行取样,将取样管内PC衬管取出即可获取淤积泥沙样品。

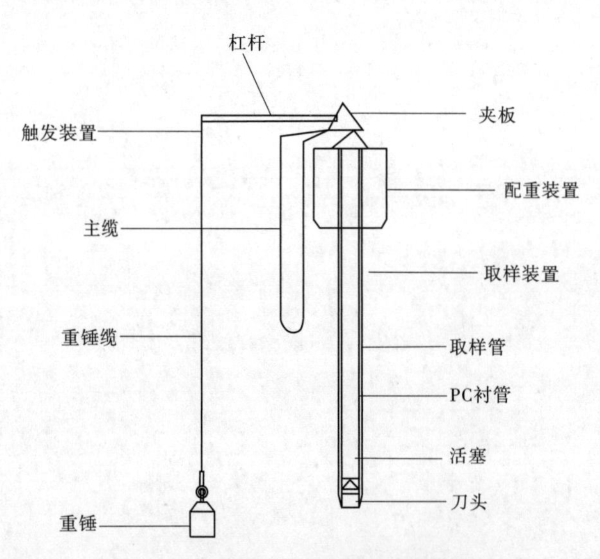

图4-1 深水库区取样器结构示意图

4.1.2 工作过程

深水库区取样设备基于重力式活塞原理,取样时,当取样设备下放到距离河床一段距离时，重锤先触到河床表面，在杠杆原理作用下释放触发机构；取样器在自重作用下贯入库底淤积泥沙中，此后活塞便不再下落而是停留在库底淤积泥沙表面处，取样管在重力和惯性的作用下继续下落，由于活塞与样品筒之间密封良好，因而在活塞下方会形成局部真空，有助于样品克服与衬管边壁的摩擦力；样品进入 PC 衬管后，绞车回收钢缆，带动整个取样设备向上提，实现淤积泥沙取样。取样过程见图 4-2，工作过程如下。

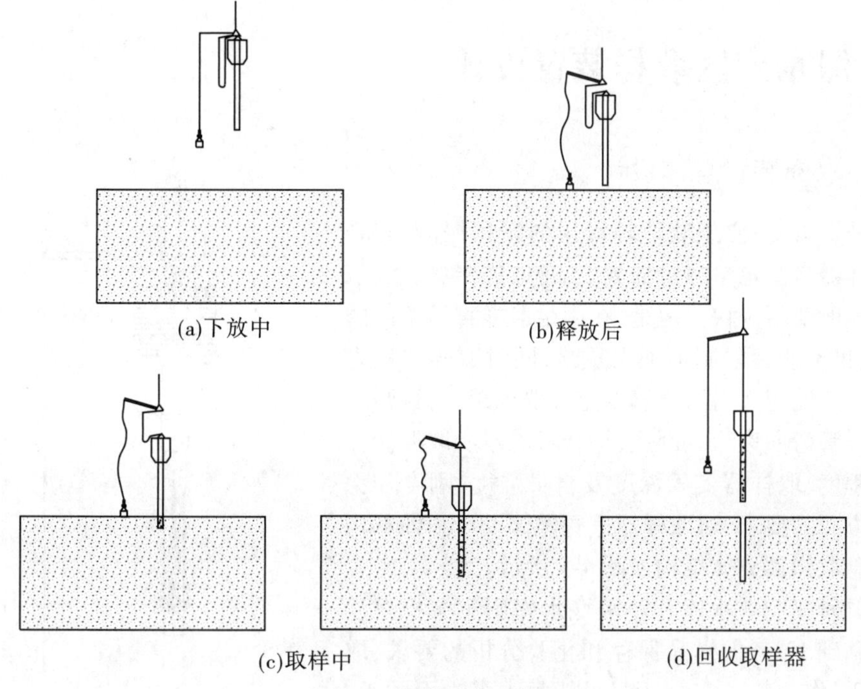

图 4-2　取样过程示意图

4.1.2.1　下放过程

根据取样深度的需要，首先调整重锤缆绳长度、设置释放高度、确定重锤重量，留足活塞缆长度余量。当船上主缆绳下放时，重锤重量在牵拉触发装置杠杆的作用下保持取样器安全下放，如图 4-2(a)所示。

4.1.2.2　自由下落过程

在取样器即将到达库区底部时，重锤首先接触河床表面具有一定承载能力的淤积层时，重锤牵拉力消失，触发装置杠杆失去平衡，释放触发机构，整个取样器在设定释放高度脱钩，取样器在重力作用下快速下落，如图 4-2(b)所示。

4.1.2.3　取样过程

取样器内活塞随缆绳缓慢下放，而取样器在惯性形成的动能作用下快速贯入淤积泥沙，完成取样过程。随着取样管贯入库区泥沙的深度不断加大，活塞在取样管中的相对位置逐渐上移，隔开了静水压力对样品的影响，以保护芯样免受水冲刷，同时消除了淤积泥沙被非均匀压实的现象，使取出的芯样长度几乎与取样管贯入深度相等，如图 4-2(c)所示。

为了保持取样管在落入过程中处于稳定垂直状态并提高下落速度，试验过程中，可以在取样器顶部安装姿态采集记录仪,记录取样器在水中的加速度和倾角,可有效掌握取样器的运动状态。

4.1.2.4 回收过程

取样完成后,利用主缆绳提取活塞将整个重力活塞取样器提出水面,拉出 PC 衬管,并进行封口处理,完成一次取样过程,如图 4-2(d)所示。

4.2 深水库区取样装置设计

4.2.1 取样装置总体设计

由前文可知,要想获取较深层的淤积泥沙样品,一是取样器自身重量尽量加大,二是取样器贯入淤积泥沙的速度要尽量快。但是,在满足取样直径条件的要求下,也不能无限制地加大重量,同时取样器贯入淤积泥沙速度越大对取样管稳定性要求越高,否则会造成取样管弯曲失稳。因此,综合考虑对所取泥沙样品扰动程度、取样器贯入深度及自身强度、刚度和稳定性等方面的要求,对取样器进行整体设计和细部构造设计。取样器总体结构如图 4-3 所示。

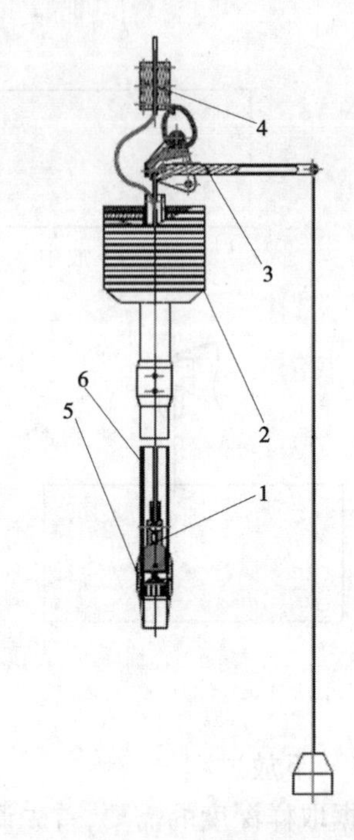

1—活塞和主缆总装;2—配重;3—平衡杠杆;4—夹板组件;5—菊花瓣;6—取样管

图 4-3 取样器总装图

在调研三门峡水库和小浪底水库历年淤积泥沙资料的基础上,考虑样品保存和化验分析的要求、取样器自重、作业船只安全及起吊能力等多方面因素,初步选定结构尺寸如下:取样管内径为 90 mm,外径为 114 mm,总装配长度可达 13 m。其中,取样管每节长度分别为 3 m,共 4 节,可以根据作业条件,采用套接方式组装长度合适的取样管。设计合适的取样器刀口形状和尺寸。配重铅块由若干铅块拼接而成,在取样时根据取样管长度和取样深度进行增减,取样器重量最大达 1 t。触发机构的重锤也由若干配重块组成,取样时根据杠杆平衡原理计算所需重锤重量。导流装置及配重铅块如图 4-4 所示。

4.2.2 配重装置

配重装置主要由锥形底板、铅块配重及法兰管构成,锥形底板与法兰管通过螺栓连接,配重铅块为圆饼形,中间孔直径比法兰管外径大 5 mm,并将其逐个套到法兰管上。

4.2.3 触发装置

本取样设备采用基于支撑反力控制的触发机构(如图 4-5 所示),包括夹板、垫板、杠杆、安全销、重锤缆、重锤等部件。其原理是触发机构初始为受力状态,能够吊起取样器,

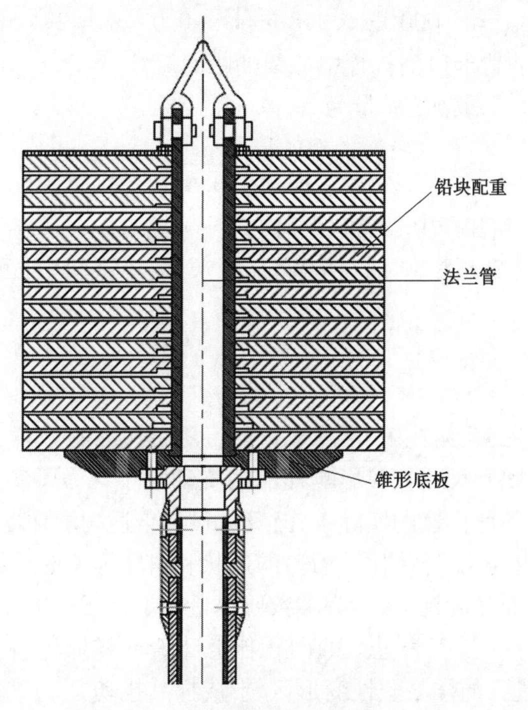

图 4-4　导流装置及配重铅块

当重锤遇到一定的支撑反力时，平衡破坏后即可触发取样动作，取样器脱离夹板，取样器依靠自重贯入淤积泥沙中。

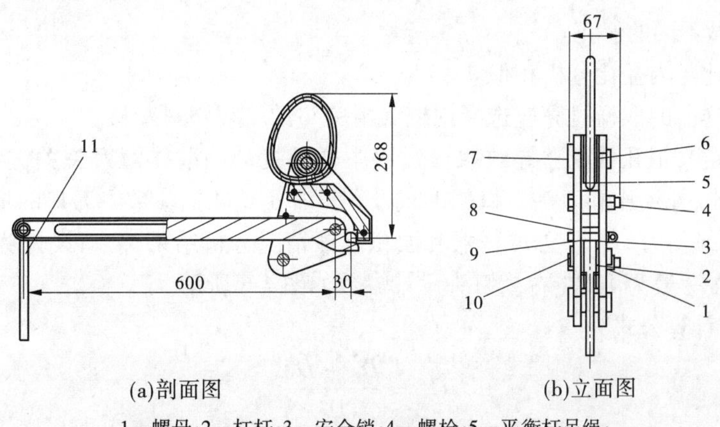

(a)剖面图　(b)立面图

1—螺母；2—杠杆；3—安全销；4—螺栓；5—平衡杆吊绳；
6—滑轮；7—销轴；8—夹板；9—垫板；10—销轴；11—重锤缆

图 4-5　触发装置

在实际取样工作过程中，为保证触发机构有效工作，需对取样器的平衡杆进行受力分析。因取样管的长度是根据库区淤积泥沙特点进行组装而成的，再加上铅块配重达到的总质量为 1 t，为了满足取样器在触底之前保持取样器稳定状态，需要重锤力矩 $M_{重锤}$ > 取样器总成力矩 $M_{取样器}$ 。

取样器总成力矩为

$$M_{取样器} = 1\,000\ \text{kg} \times 9.8\ \text{m/s}^2 \times 0.03\ \text{m} = 294\ \text{kN} \cdot \text{m} \tag{4-1}$$

式中:0.03 m 为触发装置卡口到杠杆中心线的距离。

根据杠杆原理,要求重锤的质量为

$$m_{重锤} \geqslant \frac{294\ \text{kN} \cdot \text{m}}{9.8\ \text{m/s}^2 \times 0.6\ \text{m}} = 50\ \text{kg} \tag{4-2}$$

式中:0.6 m 为重锤缆到杠杆中心线的距离。

因此,重锤的质量至少为 50 kg 才能满足要求,现场试验中,可根据实际情况调整重锤重量。

4.2.4 取样装置

取样装置主要由刀头、菊花瓣、活塞、取样管、PC 衬管(在取样管内)及连接管等部分组成。取样刀头的形状和尺寸直接影响样品的扰动大小。为了实现样品的低扰动,应该根据淤积泥沙的性质和取样器的实际工作情况,设计合适的取样器刀口形状和尺寸,下面将对刀头的面积比、内径比、外径比及刀口的形状和角度等关键参数进行优化设计。

为了减少刀头对样品的扰动,刀头参数要尽量满足以下要求:

(1)面积比要适当小。因为过大的面积比意味着同样取样直径的前提下,取样管壁厚较厚,这就会造成过大的样品塑性变形区,形成样品扰动。

(2)内径比要适当小。过大的内径比会使淤积泥沙样品向四周扩散,造成样品结构扰动,强度降低,形成样品扰动。但过小的内径比对于减小样品与取样管壁间的摩擦力不利,而大的摩擦力又会使得样品进入取样管难度增大,形成“欠取样”。所以,对于具体的淤积泥沙,应做不同的修正。

(3)外径比与内径比分析相似。

(4)容纳样品的取样衬筒应选择内壁光滑完整的工程塑料管材。

Hvorslev 定义了几种能够导致取样过程中样品扰动的取样筒刀头关键参数。其中,面积比、内径比、外径比和刀头刀口的形式及角度都是重要的参数。刀口的形式主要有单倾斜刀口和双倾斜刀口。根据取样器和淤积泥沙情况分析结果,刀口设计为单倾斜刀口形式,刀口角度一般为10°左右。刀头设计参数如图 4-6 所示。

面积比的计算公式为

$$C_a = \frac{D_w^2 - D_e^2}{D_e^2} \tag{4-3}$$

Hvorslve 认为,面积比是影响样品质量最显著的一个因素。合适的面积比取决于所取淤积泥沙的类型、强度和敏感性及取样的目的。Hvorslev 建议面积比应该尽可能小,最好小于 15%。内径比的计算公式为

$$C_i = \frac{D_s - D_e}{D_e} \tag{4-4}$$

外径比的计算公式为

$$C_o = \frac{D_w - D_i}{D_i} \tag{4-5}$$

式中：C_a 为面积比；C_i 为内径比；C_o 为外径比；D_w 为刀口的外径；D_e 为刀口的内径；D_s 为取样衬筒的内径；D_i 为取样管的外径。

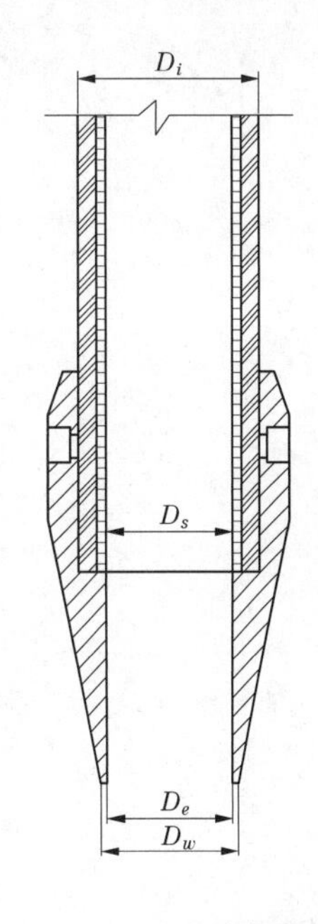

图4-6　刀头设计参数图

理论上面积比应尽可能地小，以减少样品的扰动。但是过小的面积比会导致取样管发生失稳现象。普通的薄壁取土器取样长度不超过1 m，重量很轻，因此较小的面积比即能满足取样的要求。但是，目前长细比较大的取样器无法参照常规取土器规范中的要求来设计。为满足取样时的可操作性和稳定性，管壁不宜太薄，面积比不宜太小。初步选定结构尺寸如下：刀口内径 D_e 为80 mm，刀口外径 D_w 为85 mm；取样衬筒的内径 D_s 为85 mm，取样管的外径 D_i 为114 mm。

将以上参数代入式(4-3)～式(4-5)可得：面积比 $C_a = 0.129$；内径比 $C_i = 0.0625$；外径比 $C_o = -0.254$。

菊花瓣的作用主要是在取样完毕往上提取时有效合拢切断淤积泥沙，并托住样品，避免样品在提升过程中脱落，结构形式如图4-7所示。

取样管中放置的聚碳酸酯(PC)管表面十分光滑，活塞的吸力作用减小了样品和管壁之间的摩擦阻力，有利于样品较为顺利进入取样衬管中，使淤积泥沙中的孔隙水流动很少，有效降低了样品的扰动性，如图4-8所示。

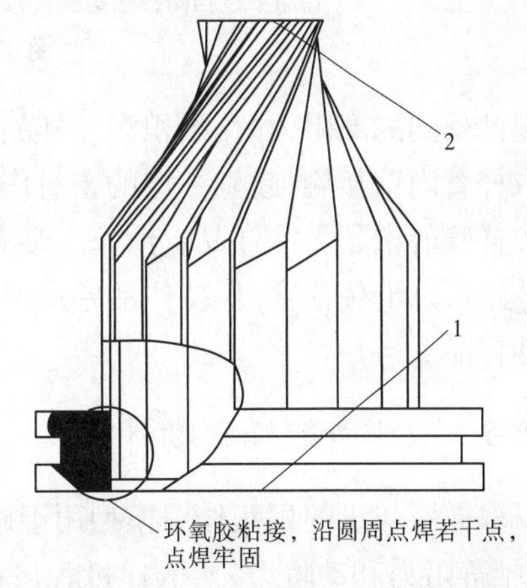

1—座环；2—花瓣
图4-7　菊花瓣

淤积泥沙在进入取样管的过程中与取样管内壁接触，取样管内壁会给柱状淤积泥沙样品向下的摩擦力。随着淤积泥沙样品进入取样管的长度增加，淤积泥沙样品与取样管内壁的接触面积及接触压力增大，取样管内壁对淤积泥沙样品的摩阻力也会随之增大。因此，淤积泥沙样品很快会达到极限高度，无法获得较长的样品，而且淤积泥沙在进入取样管的过程中会被非均匀地压实，淤积泥沙的物理性状及分层信息会被不同程度地破坏，这就是“土塞效应”。在取样管中加入活塞结构，活塞与取样管内壁有一定的密封性。通过合理设置活塞上钢缆的长度，可以使活塞在取样管贯入过程中提供给淤积泥沙样品一个向上的抽吸作用，有效地克服“土塞效应”。理想情况下，淤积泥沙样品的长度等于取样管的贯入深度，淤积泥沙样品基本不会被扰动，保持淤积泥沙在其自重应力下的状态。

在实际使用中，由于连接活塞的钢缆较长，在取样器释放时，钢缆将发生显著的回弹，活塞提供的抽吸力无法刚好抵消淤积泥沙受到的摩阻力。当活塞提供的抽吸力小于淤积泥沙受到的摩阻力时，淤积泥沙样品会受到一定程度的压实；当活塞提供的抽吸力大于淤

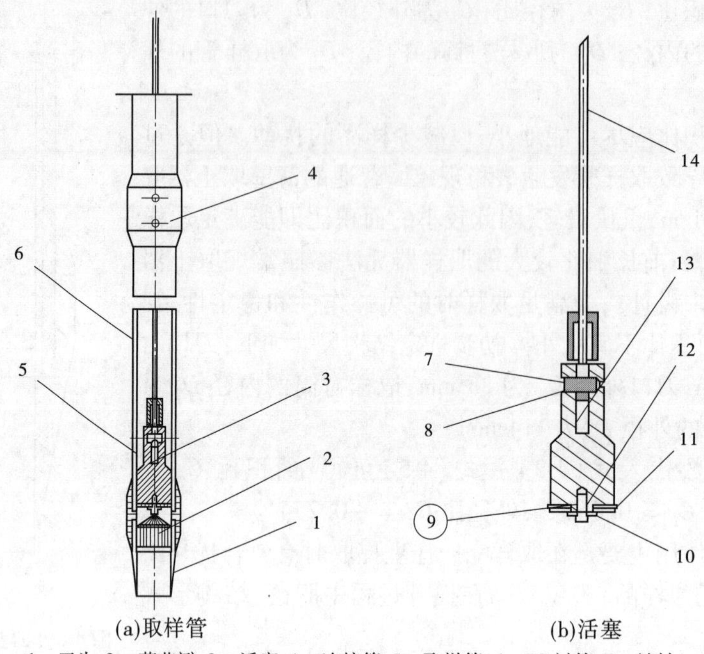

1—刀头;2—菊花瓣;3—活塞;4—连接管;5—取样管;6—PC 衬管;7—销轴;
8—孔用弹性挡圈;9—螺栓;10—垫;11—挡板;12—橡胶板;13—活塞体;14—缆

图 4-8　取样管和活塞

积泥沙受到的摩阻力时,淤积泥沙样品会被非均匀的拉伸。活塞体上装有的活塞密封圈与取样管内壁接触,起到一定的密封作用,这时活塞会在下端形成一个负压,向上抽吸进入取样管的淤积泥沙样品。活塞上端有一个限位销,当活塞被拉到取样管最顶端的时候,限位销可以卡住活塞,保持住活塞形成的负压,避免活塞在钢缆松弛时向下运动挤压淤积泥沙样品。

4.2.5　取样管取样深度计算

取样器与土的相互作用模型用于确定取样器取样动态过程中管侧摩阻力和管端阻力(包括静阻力和动阻力)。取样过程淤积泥沙受到冲击型动荷,瞬态变化,管土作用非常复杂,它是一个轴对称三维动态问题,要描述该问题是极困难的,不仅要了解管与土动本构模型,还要分析管土接触面的滑移机理。在一定的简化条件下,取样器与土的相互作用可借用国内外一些学者提出的许多模型来近似模拟管土相互作用,本书中采用 Smith 法求解。

4.2.5.1　取样器取样过程受力分析

取样管壁受力分析图如图 4-9 所示。

事实证明,若取样管足够长,取样管贯入淤积泥沙中一定深度后,样品高度不再增加。当取样器在取样下插过程形成样品隔离,则内壁与样品之间的摩阻力保持不变,此时样品下部土体进入极限塑性状态,样品与管壁构成一个整体,类似于实心桩,这种情况下,实际可取的样品长度将不变,在底质中、硬地层中极易出现类似实心桩的“桩效应”,样品长度

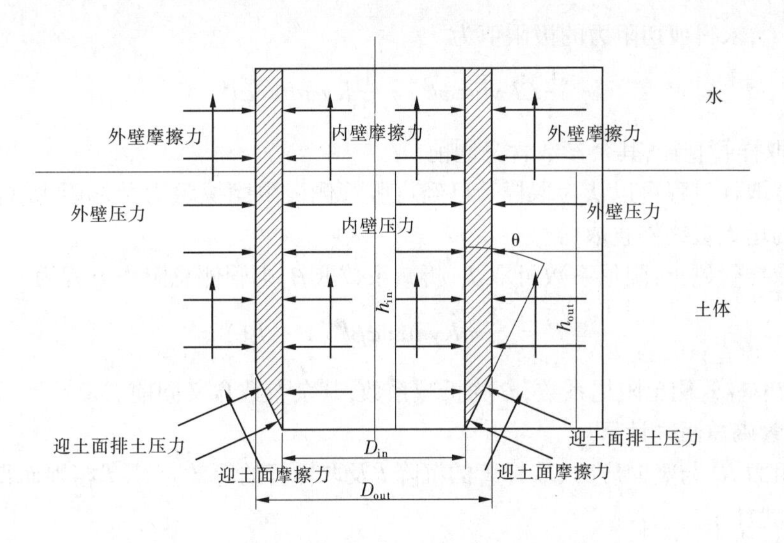

图4-9　取样管受力分析模型

极短。对于本取样器计算假定不存在桩效应,计算取样器不同初始速度、不同配重、不同底质下取样深度情况。

4.2.5.2　管侧总摩擦阻力的计算

取样管与土相互作用力 R 可看作由土的静阻力 R_s 和土的动阻力 R_d 组成。其中 R_s 根据粒状土与建筑材料之间的剪切阻力量测数据得出的经验公式计算,而 R_d 与管单元质点速度 v、土的阻尼系数 J 及静阻力 R_s 有关,则 R 的计算公式为

$$R = R_s + R_d = R_s(1 + Jv) \tag{4-6}$$

式中:R_s 为土的静阻力;R_d 为土的动阻力;J 为土的阻尼系数;v 为管单元质点速度。

下面进行土的静阻力 R_s 的求解,管侧被发挥出来的剪应力 τ 与位移 s 有关,可用下列公式表示:

$$\tau = \sigma\tan\varphi\left[1 - \exp\left(-\frac{ks}{s_0 - s}\right)\right] \tag{4-7}$$

式中:σ 为土剪切面上的法向应力;φ 为土的内摩擦角;k 为土的渗透系数;s 为取样管位移;s_0 为取样管初始位移。

当不考虑管端阻力时,此时取样管类似于"摩擦桩","浮"在土中的桩(摩擦桩)。由于取样管沉入土中,就产生剪切阻力 τ。

剪切阻力的总和为

$$\begin{aligned}\int_{z=0}^{l} C\tau\mathrm{d}z &= \int_0^l CK\gamma\tan\varphi z\left[1 - \exp\left(-\frac{ks}{s_0 - s}\right)\right]\mathrm{d}z \\ &= CK\gamma\tan\varphi\,\frac{l^2}{2}\left[1 - \exp\left(-\frac{ks}{s_0 - s}\right)\right]\end{aligned} \tag{4-8}$$

式中:C 为土的压缩系数;K 为被动土压力系数;γ 为土的重度;l 为取样管入土深度;其余参数含义同前。

由于取样器下插过程土体已经发生剪切破坏,故 $l \gg s_0$,可以认为 s 已经达到极限值,

所以 $s_{\max}=s_0$，求得剪切阻力的极限值为

$$\frac{1}{2}CK\gamma\tan\varphi l^2=\frac{1}{2}K\gamma\pi d\tan\varphi l^2 \tag{4-9}$$

式中：d 为取样管直径；其余参数含义同前。

取样器取样过程可以认为取样管已经克服管侧极限摩擦阻力及端阻力，随着侧阻力与端阻力的增大最终停止取样。

对于取样管侧土，阻尼系数可取 J_s，折减系数取 β，则管侧总阻力方程为

$$R=\frac{1}{2}\pi K\gamma d\tan\varphi\beta l^2(1+J_s v) \tag{4-10}$$

式中：J_s 为取样管侧土阻尼系数；β 为折减系数；其余参数含义同前。

4.2.5.3 管端总阻力计算

管端阻力 R_p 与竖向应力、取样管的沉降 l 及取样管的等效直径 d 相乘而得的积成正比，其表达式如下所示：

$$R_p=ald(l\gamma+7c_u) \tag{4-11}$$

式中：a 为土的压缩系数；d 为取样管的等效直径；c_u 为土的黏聚力；其余参数含义同前。

按 Smith 法可知管端总阻力为

$$R_p=R_p(1+J_p v) \tag{4-12}$$

此处，$J_p=3J_s$，则：

$$R_p=ald(l\gamma+7c_u)(1+J_p v) \tag{4-13}$$

4.2.5.4 取样器合阻力计算

取样器合阻力由管内外侧摩擦阻力及管端阻力组成，如下式所示：

$$R=R_p+\beta_1R_{\mathrm{sin}}+\beta_2R_{\mathrm{sout}} \tag{4-14}$$

$$R=\frac{1}{2}\pi K\gamma\tan\varphi(\beta_1D_{\mathrm{out}}+\beta_2D_{\mathrm{in}})l^2(1+J_s v)+al\sqrt{D_{\mathrm{out}}^2-D_{\mathrm{in}}^2}(l\gamma+7c_u)(1+J_p v) \tag{4-15}$$

式中：β_1 为管外侧摩擦阻力折减系数；β_2 为管内侧摩擦阻力折减系数。

4.2.5.5 运动控制方程确定

取样过程中假定取样器所受水阻力相对管侧黏土对管壁的作用力小得多，水阻力忽略不计，土层为单一均质饱和黏土层，因此取样器合力为 $\Delta F=mg-R$。取样开始阶段由于黏土对管侧的摩阻力及端阻力很小，取样器将作加速下沉运动，当侧摩阻力及端阻比取样器自重大时，取样器将作减速下沉，最终于某一深度停止取样。

根据以上分析可得到取样器取样过程的控制方程为

$$\begin{cases}\dfrac{\mathrm{d}^2l}{\mathrm{d}t^2}=g-\dfrac{\frac{1}{2}\pi K\gamma\tan\varphi(\beta_1D_{\mathrm{out}}+\beta_2D_{\mathrm{in}})l^2(1+J_s v)+al\sqrt{D_{\mathrm{out}}^2-D_{\mathrm{in}}^2}(l\gamma+7c_u)(1+J_p v)}{m}\\ l|_{t=0}=0,v|_{t=0}=v_0\end{cases} \tag{4-16}$$

4.2.5.6 取样过程参数的确定

取样器质量 m 为 1 t，取样初始速度 v_0 分别为 1 m/s、3 m/s、5 m/s；取样管内径 D_{in} 为

90 mm,外径 D_{out}为 114 mm;淤积泥沙选取软底质和中硬底质两种。

软底质的力学指标特性为: K 为0.3, φ 为12°, γ 为1.2 t/m³, k 为4, a 为0.05, c_u 为10 kPa, J_s 为0.16 s/m, J_p 为0.24 s/m。

中硬底质的力学指标特性为: K 为0.4, φ 为16°, γ 为1.4 t/m³, k 为3, a 为0.08, c_u 为14 kPa, J_s 为0.16 s/m, J_p 为0.24 s/m。

4.2.5.7　取样深度的影响规律

对不同参数进行组合然后进行微分方程数值求解,可以清楚了解各参数对取样效果的影响规律,得到取样深度随时间的变化规律。

(1)不同底质条件下的关系曲线如图4-10和图4-11所示。(初始速度为1 m/s,取样器质量为1 t,取样器内径为90 mm、外径为114 mm)

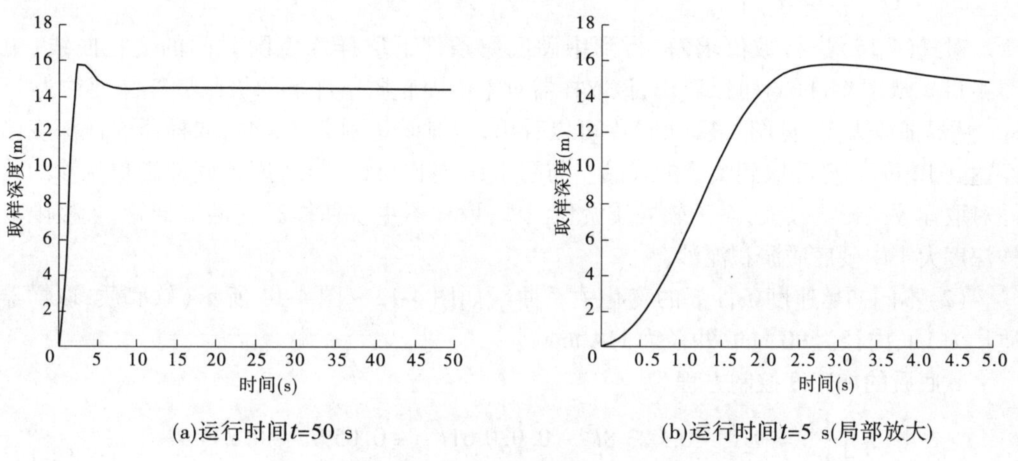

(a)运行时间t=50 s　(b)运行时间t=5 s(局部放大)

图4-10　软底质条件下的取样深度变化关系曲线

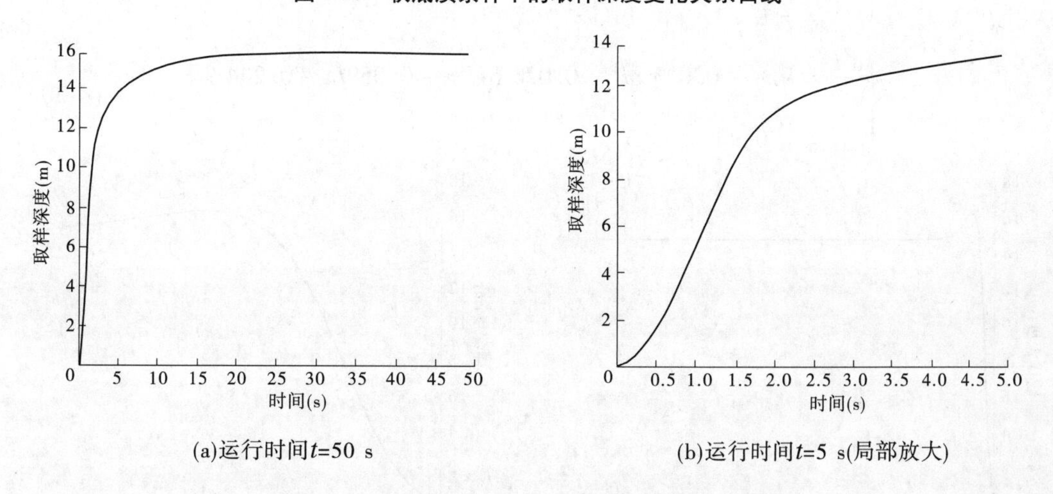

(a)运行时间t=50 s　(b)运行时间t=5 s(局部放大)

图4-11　中硬底质条件下的取样深度变化关系曲线

软底质的加速度控制方程为

$$\begin{cases}\dfrac{d^2l}{dt^2} = 9.8 - 0.0238l^2 - 0.02061l^2v - 0.059lv - 0.2449l \\ l|_{t=0} = 0, v|_{t=0} = 1\end{cases} \tag{4-17}$$

对式(4-17)进行数值求解,得到软底质条件下取样深度随时间的变化曲线(见图4-10),从图4-10(a)中可以看出,该取样器对于软底质条件下的极限取样深度约为16 m。从局部放大图(见图4-10(b))可以看出,当时间达到1.7 s时,取样器取样深度已经达到12 m,即可以取到整管样品。

中硬底质的加速度控制方程为

$$\begin{cases}\dfrac{d^2l}{dt^2} = 9.8 - 0.041928l^2 - 0.008465l^2v - 0.013171lv - 0.05488l \\ l|_{t=0} = 0, v|_{t=0} = 1\end{cases} \tag{4-18}$$

对式(4-18)进行数值求解,得到中硬底质条件下取样深度随时间的变化曲线(见图4-11),从图4-11(a)可以看出,该取样器对于中硬底质条件下的极限取样深度约为15 m。从局部放大图(见图4-11(b))中可以看出,当时间达到2.5 s时,取样器取样深度已经达到12 m,即已经取到整管的样品。与图4-10对比可以看出,库区底部淤积泥沙的特性对取样效果影响较大,对于软底质淤积泥沙,取样器更快使样品充满取样管,且极限取样深度大于中硬底质淤积泥沙。

(2)不同初始速度条件下的变化关系曲线如图4-12～图4-14所示(软底质,取样器质量为1 t、内径为90 mm、外径为114 mm)。

软底质的加速度控制方程为

$$\begin{cases}\dfrac{d^2l}{dt^2} = 9.8 - 0.0238l^2 - 0.02061l^2v - 0.059lv - 0.2449l \\ l|_{t=0} = 0, v|_{t=0} = 1\end{cases} \tag{4-19}$$

$$\begin{cases}\dfrac{d^2l}{dt^2} = 9.8 - 0.0238l^2 - 0.02061l^2v - 0.059lv - 0.2449l \\ l|_{t=0} = 0, v|_{t=0} = 3\end{cases} \tag{4-20}$$

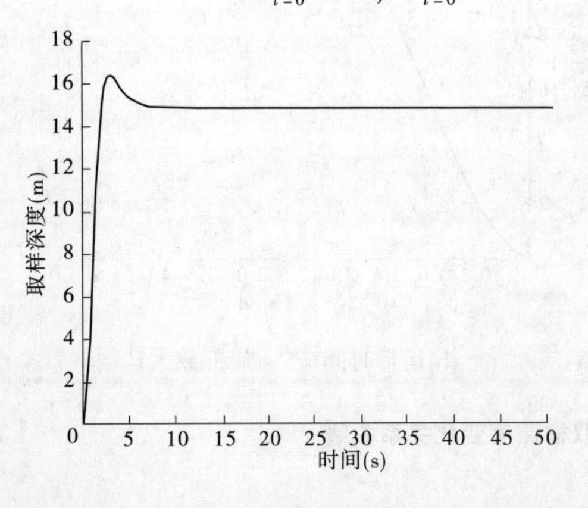

(a)运行时间t=50 s

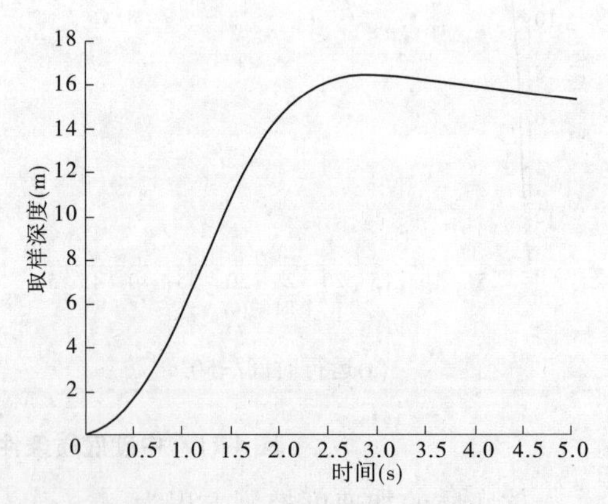

(b)运行时间t=5 s(局部放大)

图4-12　1 m/s初速度条件下的取样深度变化关系曲线

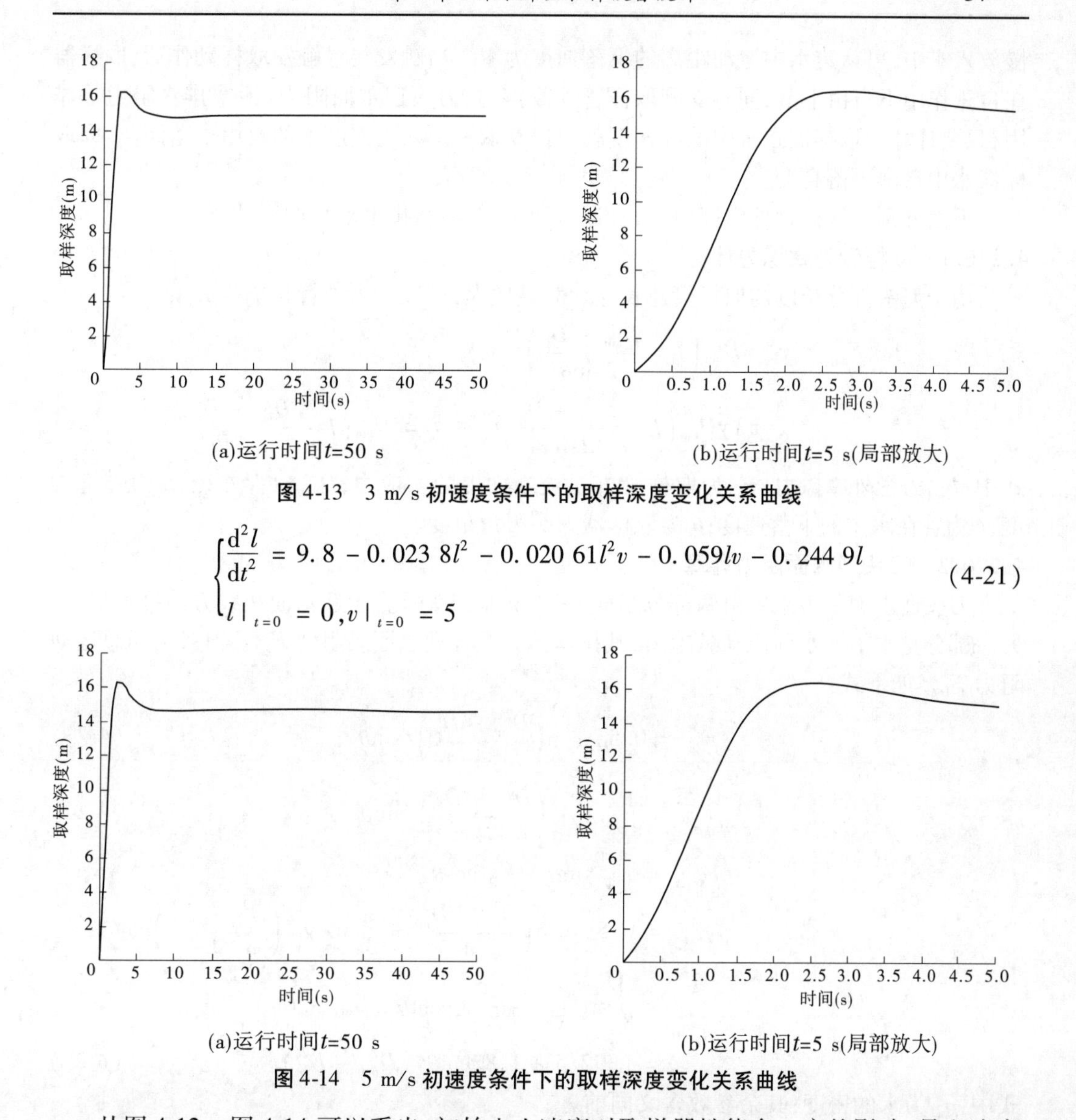

(a)运行时间t=50 s　　(b)运行时间t=5 s(局部放大)

图 4-13　3 m/s 初速度条件下的取样深度变化关系曲线

$$\begin{cases}\dfrac{d^2 l}{dt^2} = 9.8 - 0.023\,8 l^2 - 0.020\,61 l^2 v - 0.059 l v - 0.244\,9 l \\ l|_{t=0} = 0, v|_{t=0} = 5\end{cases} \tag{4-21}$$

(a)运行时间t=50 s　　(b)运行时间t=5 s(局部放大)

图 4-14　5 m/s 初速度条件下的取样深度变化关系曲线

从图 4-12 ~ 图 4-14 可以看出,初始入土速度对取样器性能有一定的影响,贯入速度越大,获得整管样品的时间越短,如当取样器入土深度达到 16 m 时,从图 4-12(1 m/s 初速度)的 3.0 s 降低到图 4-13(3 m/s 初速度)的 2.5 s,到图 4-14(5 m/s 初速度)的 2.0 s。但是取样器水中运动速度越大,对缆绳强度、取样器自身强度和稳定性、提升装置及作业船只提出更高的要求,从取样器和船只安全角度考虑,在满足取样性能的前提下,尽量减少取样器的入土速度。因此,试验取 1 m/s 作为取样器入土速度。由上述分析可知其对应的取样深度均超过 12 m。

4.2.6　取样器水中自由下落高度的确定

为了保证取样器按照一定速度贯入库区底部,并达到一定入土深度以满足获取整管样品的目的。为了保证取样器安全,取样器触发装置的重锤未触底前由船只起吊装置缓慢放入水中,可认定水中运动距离的下落速度为零。当触发装置触发取样动作后,取样器在自重作用下自由下落,同时受到取样管外摩擦力、刀头迎水面阻力、活塞排水阻力等作用,只要计算出取样器在水中的加速度就可以获取一定入土速度下的自由下落距离,即取样器水中自由下落高度。

下面分别对取样管外摩擦力、刀头迎水面阻力、活塞排水阻力进行计算。

4.2.6.1 取样管外摩擦力计算

由于刀头部分长度与取样管总长相比相差较大,可以认为外管长仍为 L,则

$$\begin{aligned}F_{out} &= \tau_{out}\pi D_{out}\left(L-\frac{D_{out}-D_{in}}{2\sin\theta}\right)\\ &= \frac{1}{8g}\pi\lambda\gamma D_{out}\left(L-\frac{D_{out}-D_{in}}{2\sin\theta}\right)v^2 = 7.28D_{out}\left(L-\frac{D_{out}-D_{in}}{2\sin\theta}\right)v^2 \end{aligned}\tag{4-22}$$

式中:F_{out} 为管外摩擦力;τ_{out} 为取样管外过流断面上的切应力;D_{out} 为管外径;L 为外管长度;v 为管在水中的下落速度;θ 为取样器刀头刃角角度。

4.2.6.2 刀头迎水面阻力计算

刀头迎水面阻力主要由两部分组成,一部分是刀头垂直于迎水面法线方向排水阻力,另一部分是水沿迎水面流动黏阻力,其排水阻力 $F_{排}$、迎水面黏阻力 $F_{黏}$ 及刀头下插总运动阻力 F_{front} 如下式:

$$F_{排} = 0.5\rho_w v^2\pi\left(\frac{D_{out}^2-D_{in}^2}{4}\right)/\sin\theta \tag{4-23}$$

$$F_{黏} = \frac{1}{8g}\pi\lambda\gamma v^2\left(\frac{D_{out}^2-D_{in}^2}{4}\right)/\sin\theta \tag{4-24}$$

$$\begin{aligned}F_{front} &= F_{排}\sin\theta + F_{黏}\cos\theta\\ &= 0.5\rho_w v^2\pi\left(\frac{D_{out}^2-D_{in}^2}{4}\right)+\frac{1}{8g}\pi\lambda\gamma v^2\left(\frac{D_{out}^2-D_{in}^2}{4}\right)\cot\theta\\ &= \frac{1}{8g}\pi v^2\left(\rho_w+\frac{1}{4g}\lambda\gamma\cot\theta\right)(D_{out}^2-D_{in}^2)\\ &= (392.5+1.82\cot\theta)(D_{out}^2-D_{in}^2)v^2\end{aligned}\tag{4-25}$$

式中:ρ_w 为水的密度;其余参数含义同前。

4.2.6.3 活塞排水阻力

$$F_{piston} = 0.5C_d\rho_w v_{lope}^2A_{piston} = 392.7D_{in}^2v_{lope}^2 \tag{4-26}$$

式中:F_{piston} 为活塞排水阻力;C_d 为排水阻力系数,取 1;A_{piston} 活塞迎水面面积;其余参数含义同前。

4.2.6.4 自由落体阶段取样器运动方程

由上述分析可知,取样器在自由下落过程所受合力 $F_{合}$ 及加速度 a 方程如下:

$$F = G-(F_{out}+F_{front}+F_{piston}) \tag{4-27}$$

$$a = 9.8-\frac{7.28D_{out}\left(L-\frac{D_{out}-D_{in}}{2\sin\theta}\right)v^2+(392.5+1.82\cot\theta)(D_{out}^2-D_{in}^2)v^2+392.7D_{in}^2v_{lope}^2}{m} \tag{4-28}$$

取 $D_{out}=0.114$ m，$D_{in}=0.090$ m，$\theta=12°$，$L=10$ m，$v_{lope}=0$，$L=13$ m

设定取样器质量为1 000 kg，则不同规格取样器的水中自由落体阶段的运动微分方程如下：

当 $m=1\ 000$ kg 时

$$\begin{cases}\dfrac{dv}{dt}=-6.287\ 74v^2+9.8\\ v|_{t=0}=v_{lope}=0\end{cases}\tag{4-29}$$

速度随时间变化关系曲线如图4-15所示，下落距离随时间的变化关系曲线如图4-16所示，下落速度与下落距离的变化关系曲线如图4-17所示。

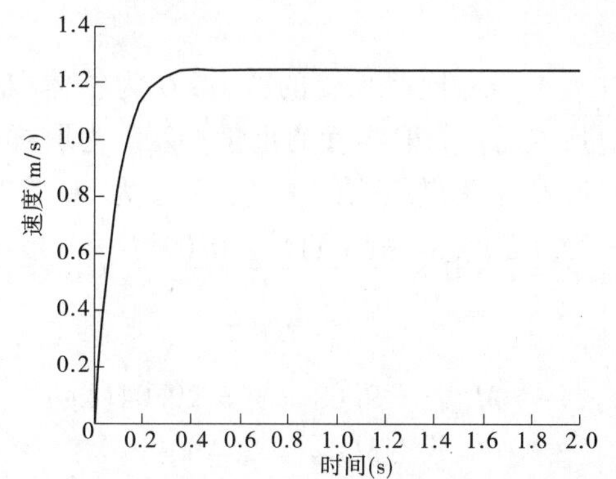

图4-15　取样器水中自由落体速度随时间变化关系

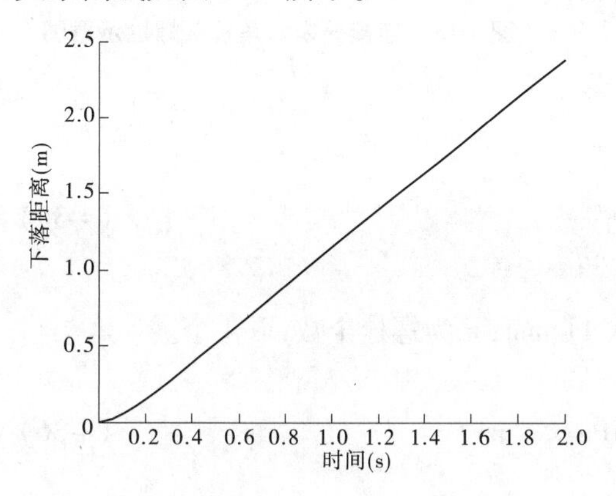

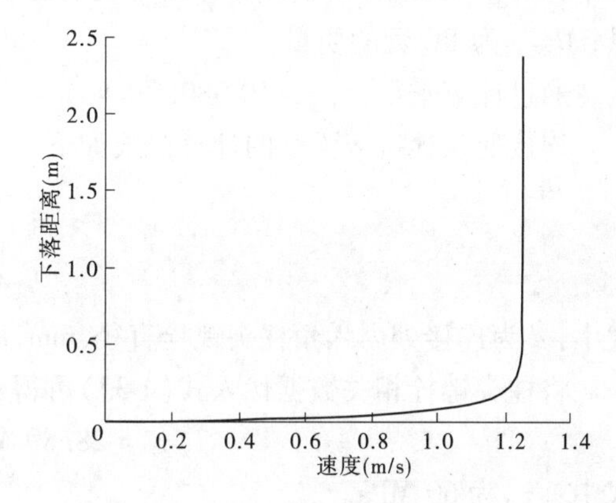

图4-16　取样器水中自由落体距离随时间变化关系　图4-17　取样器水中自由落体速度与下落距离的变化关系

由图4-15～图4-17可以看出，可实现贯入淤积泥沙时的速度为1 m/s的要求，随着时间的延长，取样器在水中极限末端运行速度为1.25 m/s左右，同时考虑主缆在取样器顶部的富余量需满足取样器水中下落高度的要求及主缆自身刚度情况，因此该主缆富余量需控制在一定长度范围内，保证取样器顶部主缆的可操作性。经过现场试验，取样器水中下落高度（即主缆富余量）取0.5～1.5 m可满足取样要求。

4.3　取样器强度校核

取样装置设计的好坏对取样质量影响很大，是机械设计的重点内容。同时，每一节取样管之间采用螺纹连接，而螺纹连接处一般为钢管的薄弱环节，因此首先应对螺纹连接处进行强度校核。

柱头螺栓只承受取样管和管接头之间的剪切力，分析最上端螺栓的受力情况，如图4-18所示。

结合取样器实际情况及相关参数，具体计算过程如下。

$$F = G = G_{取样管} + G_{接头} + G_{PC管} + G_{配重} \tag{4-30}$$

式中：F 为螺栓所承受的剪力；G 为整体取样器的重量；$G_{取样管}$ 为取样管的重量；$G_{样品}$ 为取样样品的重量；$G_{接头}$ 为转接头的重量；$G_{PC管}$ 为 PC 管的重量。

$$M_{取样管} = 7\ 810 \times \frac{\pi(0.114^2 - 0.09^2)}{4} \times 10 = 300(\mathrm{kg}) \tag{4-31}$$

$$M_{接头} = 9.68 \times 3 = 29.04(\mathrm{kg}) \tag{4-32}$$

$$M_{PC管} = 2.4\ \mathrm{kg} \tag{4-33}$$

$$M_{配重} = 700.00\ \mathrm{kg} \tag{4-34}$$

式中：$M_{取样管}$ 为取样管的质量；$M_{接头}$ 为转接头的质量；$M_{PC管}$ 为 PC 管的质量。

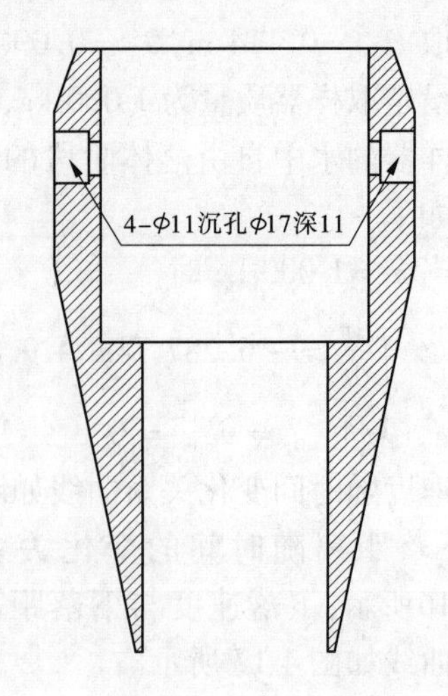

图 4-18　连接处内六角柱头螺栓示意图

通过计算求得：$F_{\max} = 10\ 980.9$ kN。

连接处螺栓抗剪强度的计算公式如下：

$$\tau = \frac{F_{\max}}{\frac{\pi}{4} n d^2} \tag{4-35}$$

式中：d 为连接处内六角柱头螺栓直径，mm，取 11 mm；n 为螺栓个数，取 4 个。

将柱头螺栓相关数据代入式(4-35)可得：

$$\tau = 28.89\ \mathrm{MPa} < [\tau] \tag{4-36}$$

式中：$[\tau]$为 60 MPa。

柱头螺栓抗剪强度能够达到要求，同时受力最大的螺栓在柱头位置，因此下端螺栓抗剪强度也能够满足强度要求。

4.4　取样器稳定性校核

4.4.1　取样管稳定校核

4.4.1.1　设计载荷

低扰动取样器在自重作用下贯入库底淤积泥沙中，在取样器与淤积泥沙接触的瞬间产生很大的相互作用力，称为冲击载荷。最大冲击载荷公式为

$$P_d = P\left(1 + \sqrt{1 + \frac{2H}{\Delta_{st}}}\right) \tag{4-37}$$

式中：P_d 为最大冲击载荷；P 为取样器的重量；H 为取样器底端与底部淤积泥沙间的距离；Δ_{st} 为静位移。

根据取样器拟操作情况，简化取 $H = 0$，设计低扰动取样器加配重总重量为 1 000 kg。由式(4-37)计算得，$P_d = 20$ kN。

4.4.1.2　取样管稳定分析

取样管单节长度取 3 m,共计 4 节,两节之间采用套接方式,取样管最长为 12 m,取样器总装配长度达 13 m。取样管属于细长杆,需要运用压杆稳定理论对其进行分析,当轴向压力达到或超过压杆的临界载荷 P_{cr} 时,压杆将产生失稳现象。临界载荷 P_{cr} 公式为

$$P_{cr} = \frac{\pi^2 EI}{(\mu l)^2} \tag{4-38}$$

式中:E 为材料的弹性模量;I 为惯性矩,由材料的断面形状决定,圆环的惯性矩 $I = \frac{\pi(D^4 - d^4)}{64}$;$\mu$ 为长度系数;l 为杆的长度。

4040 钢的弹性模量 E 为 210 GPa,长度系数 μ 为 2,管长 l 为 13 m,内径 d 为 90 mm,外径 D 为 114 mm。代入式(4-38)计算得,临界载荷 $P_{cr} = 73.6\ \text{kN}$。

最大冲击载荷 $P_d = 20\ \text{kN}$,因此 $P_d < P_{cr}$,取样时不会发生失稳现象。

4.4.2　取样装置取样过程压杆稳定校核

空心圆截面的惯性半径 i 为

$$i = \sqrt{\frac{I}{A}} = \sqrt{\frac{\pi(D^4 - d^4)}{64}\frac{4}{\pi(D^2 - d^2)}} = \frac{\sqrt{D^2 + d^2}}{4} \tag{4-39}$$

柔度 λ 为

$$\lambda = \frac{\mu l}{i} = \frac{4\mu l}{\sqrt{D^2 + d^2}} \tag{4-40}$$

式中:μ 为压杆的长度系数,两端固定杆取 0.5;l 为压杆的长度。

极限值 $\lambda_p = \pi\sqrt{\frac{E}{\sigma_p}}$,$\sigma_p$ 为材料的比例极限,查资料《工程材料实用手册》,取 σ_p 为 400 MPa,故 $\lambda_p = \pi\sqrt{\frac{E}{\sigma_p}} = \pi\sqrt{\frac{206 \times 1\,000}{400}} \approx 72$。

如果 $\lambda > \lambda_p$,则临界应力 σ_{cr} 小于材料的比例极限 σ_p,此时欧拉公式可以使用。对于超过比例极限的压杆失稳问题,在工程中一般以经验公式来计算。

所以,如果 $\lambda > \lambda_p$,临界应力为 $\sigma_{cr} = \frac{\pi^2 E}{\lambda^2}$;否则,$\sigma_{cr} = a - b\lambda$。

取取样管外径为 114 mm,内径为 90 mm。在贯入深度为 x 时,取样管所受的阻力 F 就是内外管壁所受的摩擦力和刀头迎风面产生的阻力,即 $F = R$,其中 R 为取样管所受总阻力。计算阻力 R 时,取取样器的质量为 500 kg,初速度为 1 m/s,河底底质为软底质。

取临界力为:$R = 2mg = 10\,000$ N。

取样管截面面积:$A_p = \pi(D^2 - d^2)/4 = 0.002\,353\ \text{m}^2$。

$$\sigma_{cr} = \frac{\pi^2 E}{\lambda^2} = \frac{\pi^2 E(0.14^2 + 0.09^2)}{16(\mu l)^2} = \frac{0.017\,1E}{(\mu l)^2}$$

式中:E 为 206×10^9 Pa;μ 为 0.5;l 为管子未贯入部分的高度。由安全系数计算公式 $n = \frac{\sigma_{cr} A_p}{R}$ 进行计算,结果见表 4-1。

表4-1　贯入深度与安全系数对应关系

贯入深度(m)	安全系数	贯入深度(m)	安全系数
0.5	13 261.88	7.0	67.66
1.0	3 315.47	7.5	58.94
1.5	1 473.54	8.0	51.80
2.0	828.87	8.5	45.89
2.5	530.48	9.0	40.93
3.0	368.39	9.5	36.74
3.5	270.65	10.0	33.15
4.0	207.22	10.5	30.07
4.5	163.73	11.0	27.40
5.0	132.62	11.5	25.07
5.5	109.60	12.0	23.02
6.0	92.10	12.5	21.22
6.5	78.47	13.0	19.62

由表可知,计算的安全系数最小为19.62;同时结合安全系数的相关要求,为了达到稳定其安全系数均应大于4,压杆稳定校核才能通过。因此,在贯入13.0 m的过程中,可满足压杆稳定校核。

4.5　取样器部件

4.5.1　取样导流装置改进

初步设计加工制造的取样器,只是将配重直接放置在一个实心平台上,如图4-19所示。由于没有考虑导流装置,受到水下流速干扰较大,另外取样器进入水体和淤积泥沙时,受到较大的阻力,不利于取样深度的增加。

为了解决该问题,对配重装置进行优化改进,在配重支撑平台上设置四个导流管,使得取样器进入水体时,水体能够从这四个管中通过,减少水体的阻力,如图4-20所示。但是,经过现场取样试验,发现这种改造虽然减少取样器进入水体和淤积泥沙中的阻力,但是减少取样器配重质量,影响取样器贯入淤积泥沙深度。

在上述基础上,对取样器导流装置又进行改造,本次改造将配重支撑平台下面设置过渡锥体,可实现既减少水体和淤积泥沙对取样器的阻力,又达到增加取样器重量的目的,如图 4-21 所示。因此,最后定型为本次改造的导流装置。

图 4-19　未加导流装置图

图 4-20　第一次改造

图 4-21　第二次改造

4.5.2　取样刀头改进

4.5.2.1　初步设计取样刀头

初步设计取样器的切割器、爪簧基座、爪簧和外管固连在一起,如图 4-22 所示。取样管底部增加爪簧起到支撑淤积泥沙的作用,如果泥质太软,爪簧无法保证处于张开状态,会对样品造成较大扰动。另外,提升过程中软质泥沙相对容易从间隙中泄露。因此,必须对取样刀头进行改进,设计机械传动环节,控制爪簧取样时处于开启状态,提升时处于闭合状态。

4.5.2.2　取样刀头结构改进

针对含水率较高的软质底泥,提升过程中会出现样品从下端泄漏的情况,对此,新改造的取样器如图 4-23 所示。其中:

(1)刀头的结构与以前做的刀头基本相同,只是尺寸有所不同,包括直径和长度都有所增加;

(2)为了减少再次加工的工作量,取样管和 PC 管结构与以前的结构尺寸完全相同,不必重新加工新零件直接用旧的即可,这样可以避免加工更多的零件;

(3)为了解决旧的取样管和新的刀头连接问题,增加一个转接管,转接管上端与取样管连接,下端与刀头连接,这样保证连接的可靠。

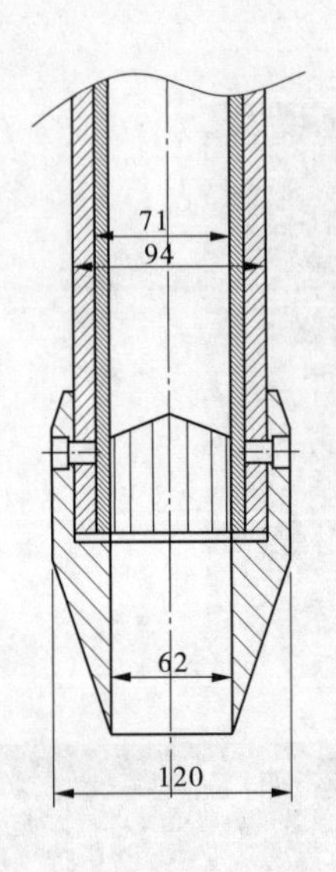

图 4-22　初步设计取样刀头

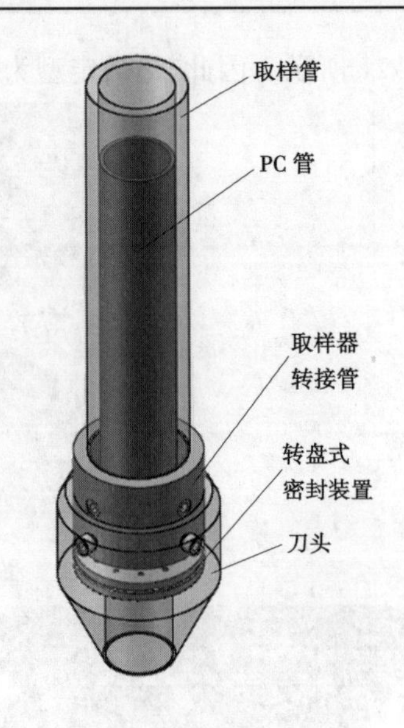

图 4-23　新取样刀头

该取样刀头设计的重点是密封装置，这次设计的密封装置借鉴相机快门的工作原理，采用横向运动完成闭合。该密封装置由底座、滑动盘和偏转片三部分组成，具体结构如下：

(1)底座安装在下方，与刀头用胶粘接在一起，闭合时固定不动。结构如图 4-24 所示，在底座上圆周方向开有 12 个直径 5 mm 的通孔。

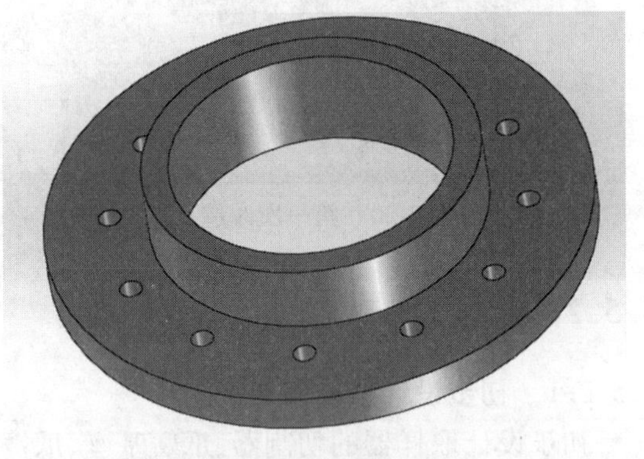

图 4-24　底座结构图

(2)偏转片结构如图 4-25、图 4-26 所示，偏转片是一片很薄的弹簧钢板，做成一个圆环形，圆环的内径与底座内孔的孔径相同，外径与底座直径相同。钢板上下侧面的对应位置焊接两个直径为 5 mm 的销钉。

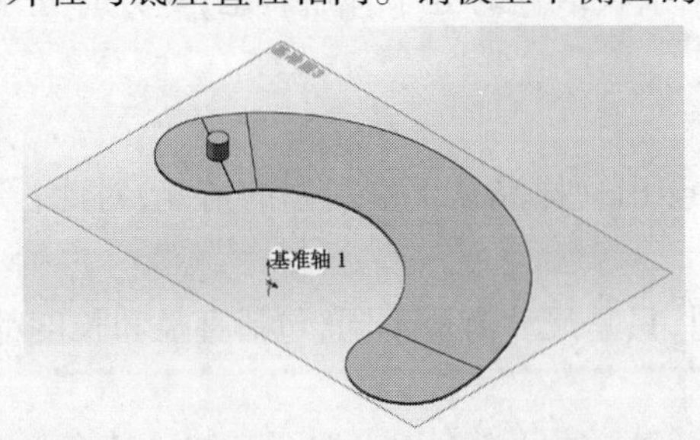

图 4-25　偏转片结构 1

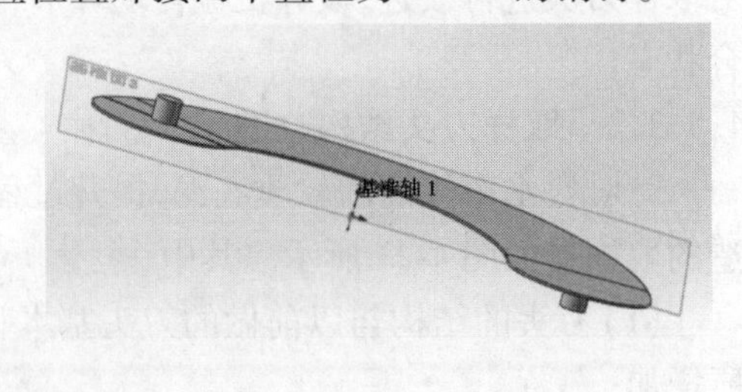

图 4-26　偏转片结构 2

(3)滑动板结构如图 4-27 所示，其中滑动板内孔直径与底座孔径相同，外孔直径与底座外径相同，滑动板上开有 12 个通槽。

密封装置装配如图4-28所示，其中6个偏转片上下表面的销钉，分别贯入滑动板的槽和底座对应的孔中，装配完成后，组成结构如图4-28所示。当固定底座，而用拉线拉动滑动板时，滑动板带动偏转片运动，完成密封。具体过程如图4-29、图4-30所示。

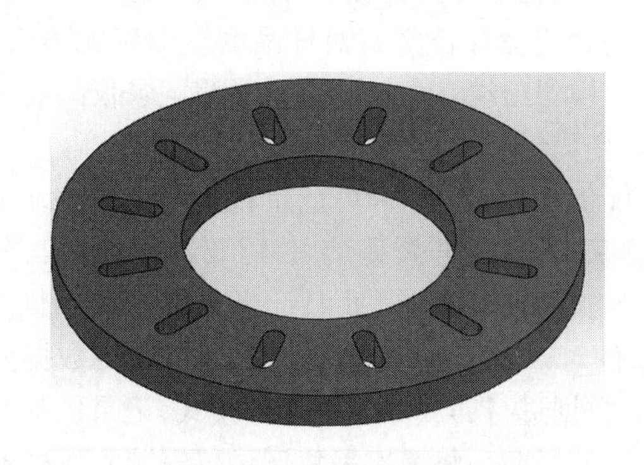

图4-27　滑动板结构图

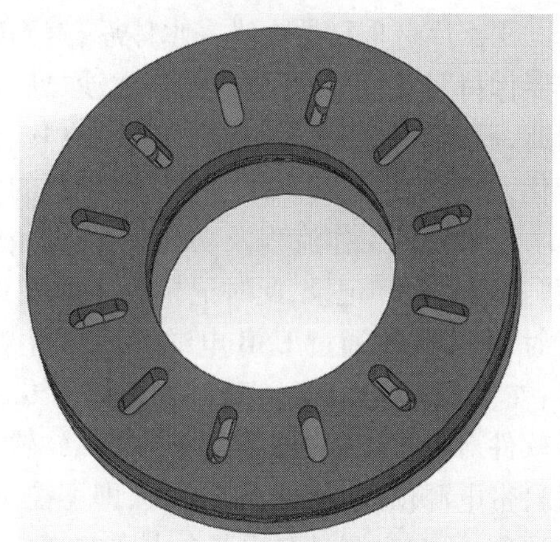

图4-28　密封装置装配

图4-29　密封过程（中间孔径逐渐减小）

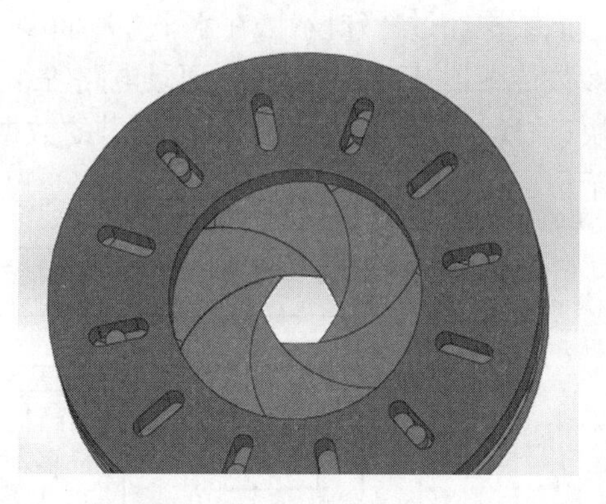

图4-30　密封过程（中间孔径，逐渐减小到基本消除）

根据设计进行刀头加工，如图4-31所示。

(a) 改进了取样刀头外观

(b) 改进了取样刀头内部构造

图4-31　加工成功的取样刀头

4.6 姿态记录仪

深水库区取样器在进入水体后，直到进入淤积泥沙之前，受到重力作用都能够使该取样器保持竖直，但是在进入淤积泥沙之后，其是否仍然保持竖直对样品的获取影响很大。为此，研制一种姿态采集记录仪，并将其装于取样器顶端，用于采集、记录该记录仪的姿态变化，从而确定与其刚性连接的取样器的姿态变化情况。

记录仪的工作流程及功能如下：该记录仪工作以后，开始对记录仪的姿态（二维角度）进行采集和记录，此时记录仪工作在记录模式；当数据采集结束，需要数据回放与分析时，记录仪需通过 USB 电缆和 USB 主机（例如 PC 机）相连，此时记录仪工作在下载模式；在下载模式下，通过 USB 主机端的专用软件对记录仪进行读写操作，通过专用数据分析软件对数据进行分析，通过专用回放软件对数据进行回放。不管何种模式，记录仪都通过自带电源供电，通过扭子开关，即可控制电源的通断。将姿态采集记录仪安装到取样器的顶部，可实时测量取样器在水中的倾角和加速度。

为了适应不同水压的要求，该记录仪由机械结构外壳以及内部的采集、记录电路组成。该结构经过特殊设计，在水下 200 m 深处能够不变形、不透水。采集、记录电路主要有参数传感器、FPGA 控制器、记录电路等组成，同时为了数据分析的方便，加入实时时钟模块，该模块在设置初值后，保证记录的数据与记录时间同步。记录仪电路组成如图 4-32 所示。

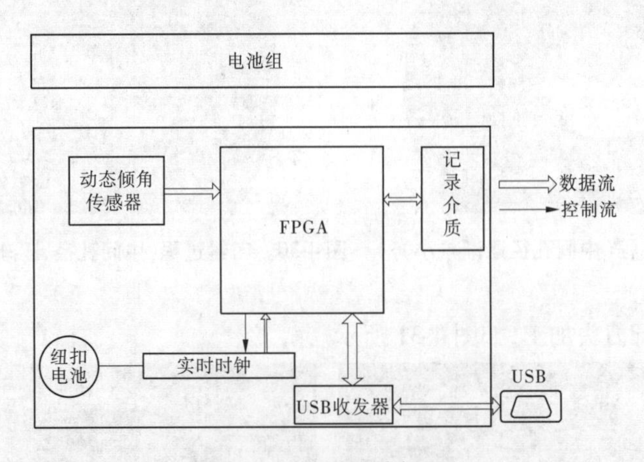

图 4-32　电路组成框图

为了能够在深水条件下正常工作，整个结构采用套桶结构，如图 4-33 所示。该结构由一体化套筒、套筒顶盖和工作盖板三部分组成。

一体化套筒和套筒顶盖结合处采用 O 型圈进行密封，如图 4-34 所示。

图 4-33　记录仪结构外形图

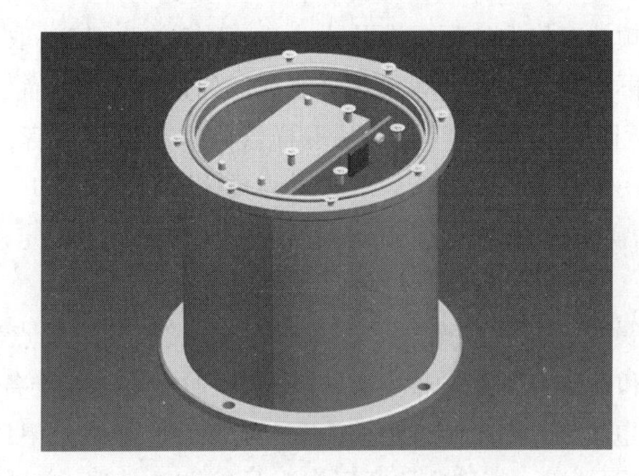

图 4-34　记录仪结构密封圈位置

第5章　取样操作

5.1　取样操作流程

在现场取样的过程中,制定详细可行的取样操作流程,具体过程如下:根据库区多年淤积断面资料,选定合适的断面进行现场试验。当取样船舶行驶到取样断面位置,将船舶定位并抛锚固定,在船上安装取样器和配套装置。在确定取样器及相关设备安装无误的前提下,利用升降变频绞车将取样器匀速放入水中,重锤首先触底,取样器开始进行取样作业。完成取样后,再次利用升降变频绞车将取样器匀速提升至水面,通过活动小车将取样器平放至船只甲板上,拆卸刀头等装置,从取样管内取出取样衬管,并将含有样品的衬管进行密封,以供进一步的检测和分析。取样过程具体流程见图5-1。

按照取样工作的操作流程,船上各工作人员应严格按照以下规定进行操作,以保证取样工作的顺利开展。

(1)船舶驾驶人员在开航前应充分了解本航次的航线、锚泊地点和船上人员数量及设备情况,督促船员和工作人员穿好救生衣,并通知机舱做好出船准备。

(2)甲板人员把电缆线、系船缆按次序解开。航行时应加强瞭望,密切注意水面船只来往动态、漂浮物、渔网情况。特别应注意河中人员的游泳情况,应早发现,及时避让,必要时倒车避免伤及生命。锚泊时应尽可能地选择满足试验要求的地点。根据风向、风力,在没有流速的情况下以顶风为主;流速较大时以顶流为主。在抛、起锚作业时,应注意船前方试验缆绳的影响因素,预留足够长的距离,防止锚缆绳和试验缆绳相互缠绕发生安全事故;起锚时应注意缆绳受力过大发生掉槽、脱排事故。

(3)机舱人员在接到出航任务后,应对船上的各种机械设备进行检查。发电机运转后,应对卷扬机做空负荷运转试验。检验卷扬机的刹车性能。出航后保证机械设备运转正常,做到勤听,勤观察,发现问题及时报告驾控人员。

(4)卷扬机操作人员应密切注意取样设备的运行情况,听从前方取样人员的指令,尽可能慢速、匀速运行,避免过大的冲击力,在卷缆绳过程中应密切注意,防止脱排掉槽,在取样设备升到一定高度后及时停车;在下降过程中,应尽可能的减速慢行,及时提醒工作人员把架子摆放到位。卷扬机无论是上行或者下行都应该在得到开始操作口令后才能进行升降操作。

(5)取样器安装控制员在安装配重铅块时,应尽可能地将铅块重量左右摆放平衡。根据不同的试验等级配置相应的重量、连接适宜长度的取样管。铅块摆放完毕后,用整流罩罩住,使其平放在专用架子上,上好法兰盘连接螺丝再连接好取样管外套及取样管。将

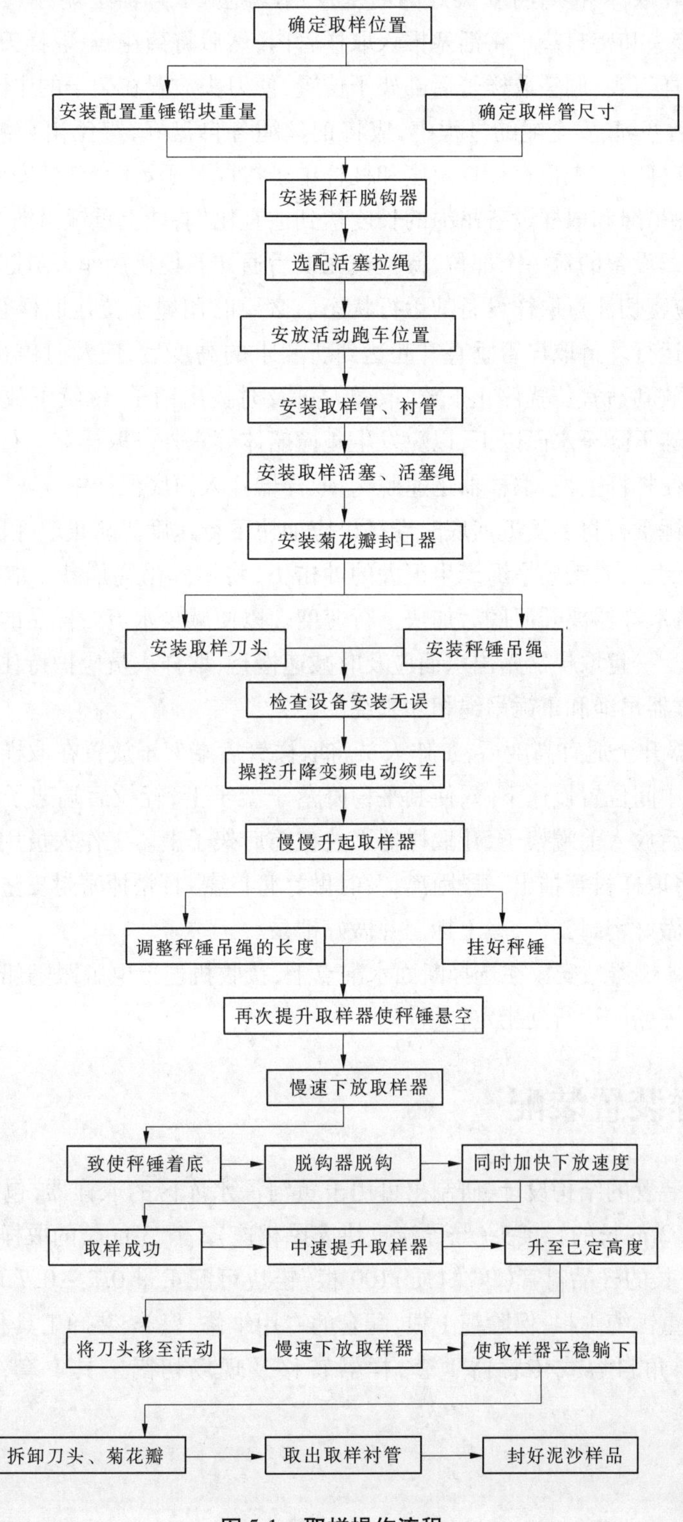
确定取样位置
安装配置重锤铅块重量
确定取样管尺寸
安装秤杆脱钩器
选配活塞拉绳
安放活动跑车位置
安装取样管、衬管
安装取样活塞、活塞绳
安装菊花瓣封口器
安装取样刀头
安装秤锤吊绳
检查设备安装无误
操控升降变频电动绞车
慢慢升起取样器
调整秤锤吊绳的长度
挂好秤锤
再次提升取样器使秤锤悬空
慢速下放取样器
致使秤锤着底
脱钩器脱钩
同时加快下放速度
取样成功
中速提升取样器
升至已定高度
将刀头移至活动
慢速下放取样器
使取样器平稳躺下
拆卸刀头、菊花瓣
取出取样衬管
封好泥沙样品

图 5-1　取样操作流程

取样衬管放置在取样管内,将安装好的活塞及钢丝绳从取样器上端穿入,从取样管内穿过,安好活塞接头和密封垫。将活塞推入取样管内;然后将菊花瓣、取样刀头依次安装好,用螺栓紧固取样刀头;调整取样管后部架子位置,使刀头放置在架子的中间位置。

(6)在挂活塞绳、安全绳的过程中,应将钢丝绳各自盘好,避免相互缠绕打折和死结现象;在安装杠杆时应先检查杠杆角度和杠杆销子拔取是否灵活;杠杆安好后应及时插入销子;调整重锤吊绳和取样设备吊绳的长度达到适宜比例,挂上重锤吊绳。在起吊前应全面仔细检查取样设备的每一个部位,待检查无误后通知卷扬机操作人员起吊,在起吊过程中,取样人员应密切注意取样设备的运行状态。必要时用绳子拉住取样管后端架子使其和取样管一起运行。待取样管垂直升起达到所要求的高度后,应及时停止升降。调整完后将取样器下放到适宜位置停止下放,取样人员及时拔出销子,继续下放取样器,取样人员应护送取样器下降至水面以下,以免发生碰撞船体等意外。取样器下行时将至河底,重锤首先触底致使杠杆上翘,取样器迅速脱钩,取样器扎入河底泥沙中。

在取样重锤下行将要接近河底时卷扬机应加快下行速度。防止取样器脱钩下扎入河底泥沙后发生倒伏,对钢丝吊绳产生很大的冲击力,将钢丝吊绳崩断。取样成功后,卷扬机慢速上行,待取样器离开河底后加快上行速度。以便减少水流对样品的干扰,保证样品结构的完整性。一旦取样器露出水面应及时减速慢行,取样人员应护持住取样器,防止其打转,防止取样器吊绳和重锤吊绳相互缠绕。

(7)取样器升至适宜高度后,工作人员将取样管后端架子放置在取样器下面,将刀头对准后端架子中间位置慢速下降,使其平稳降落于架子上,轻拉后端架子,让取样器缓缓倾斜下放。随后放入前端架子,让取样器平放在前后架子上。工作人员用扳手拆卸刀头,取出菊花瓣,将取样衬管抽出一段距离,及时做好管口密封,松掉密封皮垫压紧螺栓,在取样衬管另一端做好密封工作,写上标记并做好记录。

(8)将 GPS 仪器站安放在选择断面水准点上,接收机连上电脑跟随船舶,GPS 操作员按控制资料指挥船舶运行到指定位置。

5.2 取样装置装配

根据取样装置的结构设计,研制出可用于黄河深水库区的取样器,包括:导流重块支撑本体1套,0.2 m长的转接头(与导流重块支撑相连)2个,3 m长的取样管4节,取样管接头6只,6 m长的样品衬管(PC材质)100根,铅块可配重量0.2~0.7 t,平衡杆装置1套,重锤1个,重锤缆1根,保险缆1根,配套的专用维修、保养、装卸工具和甲板安放拖架1套、取样倾斜角自容式传感器1套,样器转移及现场切割工具1套,其组装过程如图5-2所示。

(a) 铅块配重安装　(b) 转接头安装

(c) 取样管安装　(d) 主缆安装

(e) 活塞安装　(f) 平衡杆安装

(g) 触发销栓安装　(h) 取样器吊装

图5-2　取样器组装取样过程

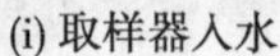

(i) 取样器入水

(j) 取样完毕

续图 5-2

5.3 船只及配套装置

5.3.1 取样作业船只

选择船舶长 36 m、型宽 6.6 m、型深 1.47 m；主机型号为曼海姆 TD234V6×2；发电机组为 X4105BGF。拆除船前甲板上的舾装设备，前甲板仓进行加固改造，如图 5-3、图 5-4 所示。为了保证取样器作业安全，在船舶前端及两侧安装橡胶，防止取样器作业时缆绳与船舶接触摩擦被割断。

5.3.2 起吊装置

如果前仓甲板面积较大，可以采用起吊能力 8 t 以上的汽车吊为起吊装置，起吊吊车臂长 24 m，增设吊车加固稳定措施，吊车在船甲板上稳定加固改造保证吊车作业安全，如图 5-5 所示。

如果前仓甲板面积较小，可以在船头安装高度为 7 m 的人字型起吊架和架头滑轮，如图 5-6 所示；配置 5 t 电动绞车 1 台和 3 t 液压绞车，操作控制台，如图 5-7 所示。

5.3.3 其他取样配套装置

为了保障取样船舶在作业区域内的稳定性，防止船舶在水流以及风力作用下位置在库区变动较大，在取样船舶船头设置抛锚绞车，当取样船舶到达取样作业位置时，根据风力方向及水流方向，抛掷船锚对取样船舶进行定位，抛锚绞车如图 5-8 所示。

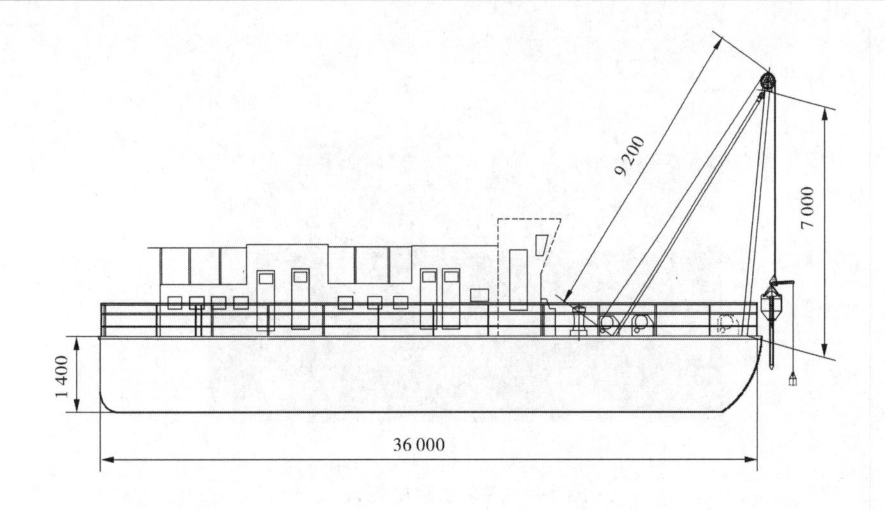

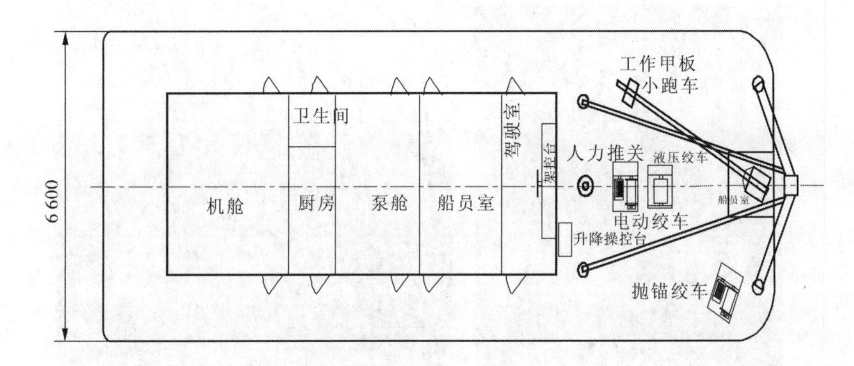

图 5-3　取样船舶示意图

(a) 取样船舶侧面

(b) 取样船舶正面

图 5-4　取样船舶

由于取样器自身重量较大，在将取样器吊起和从水中拉起放置到夹板时需要采用带滑轮的小车进行固定和引导取样器走向，具体如图 5-9 所示。

图 5-5　汽车吊起吊装置

(a) 人字型起吊架

(b) 架头滑轮

图 5-6　吊车控制装置

(a)5 t 电动绞车和 3 t 液压绞车

(b) 操作控制台

图 5-7　取样器起吊装置及控制系统

图5-8　抛锚绞车

(a) 取样器吊起时活动小车

(b) 取样器下降时活动小车

图5-9　取样器吊起、下降辅助活动小车

5.4　样品处理及保存

为了保证样品的原状特性不被破坏，现场试验时需要及时做好样品的处理和保存。

取样完成后，将取样器提出水面平放至船甲板，需要及时取出PC衬管，根据淤积泥沙样品长度快速切割PC衬管，利用预制的管口封盖将PC衬管两端盖住，在管口封盖和与PC衬管的接口用胶带纸进行密封处理，以减少样品扰动和水分流失，并及时做好样品编号标记，便于室内检测试验的开展。取样衬管为PC材质，可以利用电锯、钢锯等工具按照一定长度进行切割，切割后将短管进行标记和排序，以便日后试验区分选择。

为了做好取样衬管密封工作，根据衬管的口径和壁厚，加工制作管口封盖。管口封盖有内、外两道侧壁，前后正好夹紧衬管管壁，防止样品从管口流失，起到良好的密封效果。为了保证管盖不会脱落，在管口封盖外缠胶带，将管口封盖和衬管壁粘接牢固，如图5-10、图5-11所示。

图 5-10　管口封盖

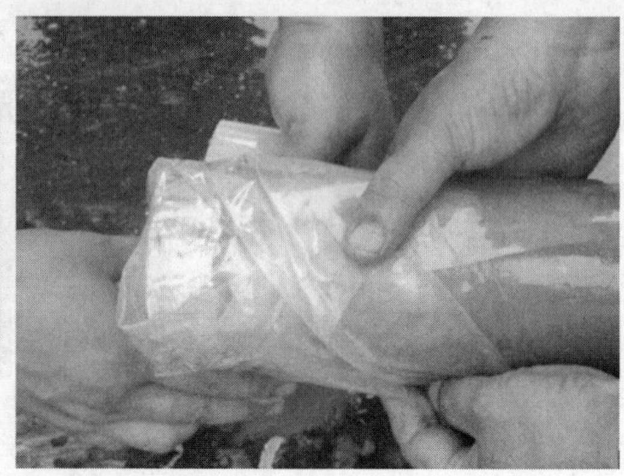

图 5-11　管子密封后效果图

做好取样衬管切割密封工作后,检查每个取样衬管的标识,查漏补缺。将标识好的取样衬管放置在结实的箱子中,摆放整齐,在管与管之间、管与箱体之间填充海绵,减少取样衬管在运输过程中的晃动,尽量保持样品的原状特性。待完成一个批次取样工作后,将装好样品的箱子装车运送到实验室,运输过程中要尽量避免车辆颠簸和急转弯等。

第 6 章　取样器扰动性分析

6.1　取样扰动性理论分析

淤积泥沙是各种矿物和有机物的“未固结”饱和集合体,取样器对淤积泥沙的取样过程与管桩打入不排水饱和软黏土的过程及其类似,而在土力学中已经对管桩理论进行了大量详细的分析,因此可以借助于管桩理论来分析淤积泥沙取样器的低扰动取样机理。本章将采用孔扩张理论、非线性有限元及与常规环刀取样对比试验的方法,对取样器取样过程中对样品在竖向和径向的扰动比例和扰动程度进行分析,并提出低扰动取样的技术措施。

6.1.1　取样桩效应分析

进行淤积泥沙取样时,常会出现样品在取样管内被压实的现象,淤积泥沙取样率将有所降低,使得取样管像“桩”一样埋入土层,把所有的淤积泥沙推向四周,形成“桩效应”,对取样产生不利影响,如图 6-1 所示。

图 6-1　“桩效应”

根据库仑理论的相关知识,“桩效应”出现的条件是:刀头空间样品的压应力 p 大于或等于体积压缩状态下样品的强度极限 σ,即 $p \geqslant \sigma$。当取 $p = \sigma$ 时,样品在取样管中填充高度 h 的临界值通过下式计算得到:

$$\sigma = \left(\frac{2}{d}\right) f\gamma h^2 \tan^2\left(45° + \frac{\varphi}{2}\right) + h(\gamma - \gamma_w) \qquad (6\text{-}1)$$

由式(6-1),可得:

$$h = \frac{d(\gamma_w - \gamma) + \sqrt{d^2(\gamma_w - \gamma) + 8f\gamma\sigma d\tan^2(45° + \frac{\varphi}{2})}}{4f\gamma\tan^2\left(45° + \frac{\varphi}{2}\right)}$$

式中:d 为取样管内径;γ 为淤积泥沙重度;φ 为土体内摩擦角;f 为管内壁与样品的摩擦系数;γ_w 为水的重度;σ 为体积压缩状态下样品的强度极限。

由 h 的解析式可知,h 既与 d、σ 和 f 有关,也与淤积泥沙样品本身的内摩擦角 φ 相关。采用较大的管子内径或光滑的衬管时,将能够降低淤积泥沙与管壁之间的摩擦系数;通过设计合理的刀头形式,有利于取样管贯入淤积泥沙,同时可减小样品与衬管之间的摩擦力;采用活塞式原理的取样管,由于活塞产生的吸力能够使样品与衬管间的摩擦得到补偿,可推迟出现"桩效应",增加取样长度。

6.1.2 取样扰动性分析

目前,软黏土中桩的连续静载贯入或动力贯入理论主要有纯剪切理论、孔扩张理论及有限元法。孔扩张理论的弹塑性解是介于剪切与压缩机理之间的一种中间理论,首先采用孔扩张理论对取样管内部样品的扰动性进行分析。

球形孔扩张理论是以库仑-摩尔条件为依据的,在具有内摩擦角和内聚力的无限土体内,解析出球形孔扩张的基本解。为了便于计算分析,对土体进行基本假定:①塑性区以内的土体是可压缩的塑性固体;②土体的屈服服从摩尔-库仑准则;③塑性区以外的土体仍是线性变形、各向同性的固体,具有变形模量 E 和 μ;④加载之前,土体具有各向相等的有效应力;⑤推导过程中,忽略塑性区内的体积力。在上述假定的条件下,取样刀头贯入淤积泥沙的过程可以看作是在半无限土体中扩张出与刀头前端体积等效的 n 个球形孔的过程,如图6-2、图6-3所示。

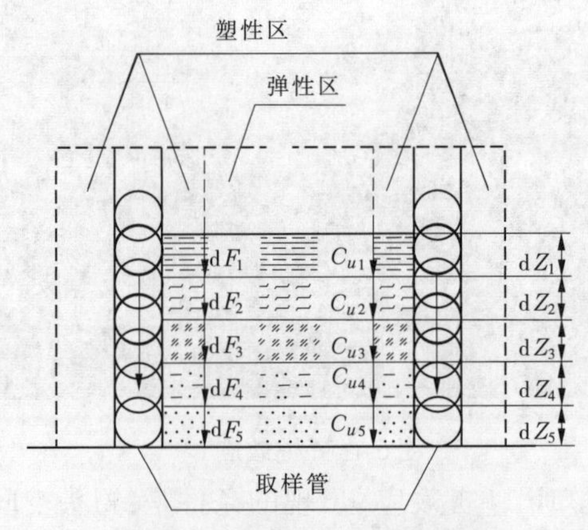

图6-2 累积土单元受力模型

在判断取样刀头对土体扰动情况时,塑性区的最终压力 P_u、弹性区域内超孔隙水压

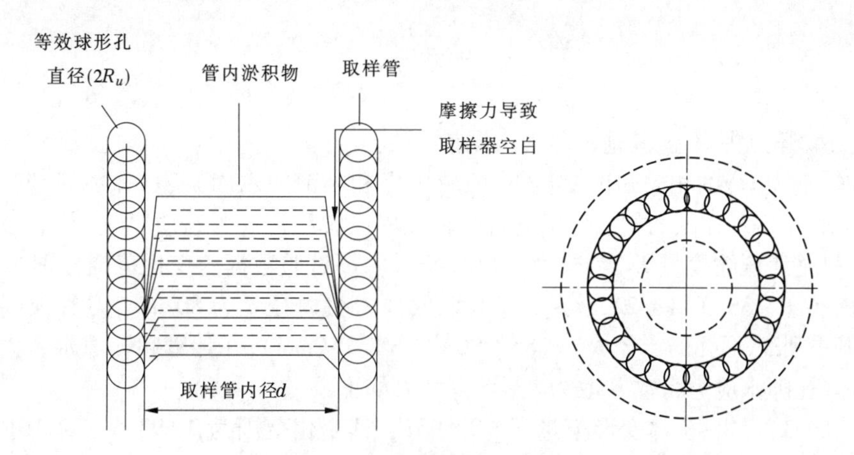

图6-3 取样管内土体实际模型

力 Δu_R 和直径方向上样品受到扰动范围比例 α 是三个重要的参数。最终压力反映的是取样管壁的法向压力,而法向压力关系到取样管壁与样品之间的摩擦,进而影响到样品垂直方向上的扰动;由于孔的扩张速度比较快,或者土体的渗透系数比较低,孔的扩张就会引起土体内的超空隙水压力的增长,而在约束消失后会引起超空隙水压力的释放,进而造成土体的扰动;直径方向上样品受到扰动范围比例则是直接反映取样器对管内土体在直径方向上的扰动情况,这三个值都是越小表示土体受到的扰动越小。其具体计算过程如下:

(1)塑性区相对半径。

$$\frac{R_p^3}{R_u^3} = \frac{E}{2(1+\mu)c} \tag{6-2}$$

式中:R_p 为塑性区最终扩张半径;R_u 为球形孔最终半径;E 为土体变形模量;μ 为土体的泊松比;c 为土体的黏聚力。

(2)变形模量与压缩模量的关系式:

$$E = E_s\left(1 - \frac{2\mu^2}{1-\mu}\right) \tag{6-3}$$

式中:E_s 为土体压缩模量;其他符号含义同前。

(3)塑性区最终压力 P_u:

$$P_u = \frac{3(1+\sin\varphi)}{3-\sin\varphi}(q + c\cot\varphi)\left(\frac{R_p}{R_u}\right)^{\frac{4\sin\varphi}{1+\sin\varphi}} - c\cot\varphi \tag{6-4}$$

式中:φ 为土体内摩擦角;q 为土体均匀分布的内压力;其他符号含义同前。

(4)弹性区域内超孔隙水压力 Δu_R:

$$\Delta u_R = 0.707B\frac{4c\cos\varphi}{3-\sin\varphi}\left(\frac{R_p}{R}\right)^3 \tag{6-5}$$

式中:B 为围压条件下的孔隙应力系数;R 为取样管外半径;其他符号含义同前。

(5)直径方向上样品受到扰动范围比例 α:

$$\alpha = \frac{R_p}{\frac{d}{2}} \tag{6-6}$$

式中:d 为取样刀头内径;其他符号含义同前。

根据《土力学》的相关知识,结合三门峡水库和小浪底水库淤积泥沙实测资料,对取样过程中取样器对样品的扰动情况进行分析。库区淤积泥沙为粉质黏土,其泊松比 μ 为 0.36;淤积泥沙压缩模量 E_s、黏聚力 c 和内摩擦角 φ 试验数据的变化范围分别为 16.3 ~ 23.8 MPa、6.6 ~ 38.9 kPa、22.3° ~ 47.5°;取取样刀头内径 d 为 80 mm,刀头顶端外径为 85 mm,则扩张球形孔的半径 $R_u = (85 - 80)/4 = 1.25$(mm);在计算超孔隙水压力时对于饱和土体,孔隙水应力系数 B 取为 1。计算结果如下:

由式(6-3)可得,土体变形模量 $E = 0.595E_s$,其变化范围为 9 698.5 ~ 14 161.0 kPa;由式(6-2)可得,塑性区最终扩张半径 $R_p = 6.6R_u = 8.25$ mm;由式(6-4)可得,最终扩张压力 P_u 的变化范围为 366.1 ~ 1 569.5 kPa;由式(6-5)可得,超孔隙水压力 Δu_R 的变化范围为 0.091 ~ 0.112 kPa;由式(6-6)可得,取样筒直径方向上样品受到扰动的比例 α 的变化范围为 14.2% ~ 22.6%。

根据目前海洋上利用柱状取样器取得的成果可知,最终扩张压力 P_u 主要受到土体本身性质的影响,而超孔隙水压力 Δu_R 和扰动范围比例 α 则主要受到取样器壁厚的影响。海洋上的 P_u 范围在 10.7 ~ 39.5 kPa,而根据本次实验实测数据计算得到的 P_u 为 366.1 ~ 1 569.5 kPa,相对于海洋取样易造成垂向扰动较大,究其原因主要是黄河淤积泥沙黏度和压缩模量较大,土体内摩擦角较大,不利于取样管管壁与样品间滑动,可能会影响到取样管内样品垂直方向上的扰动;海洋上 Δu_R 的范围为 0.024 ~ 0.425 kPa,而本报告中计算得到的 Δu_R 为 0.091 ~ 0.112 kPa,在海洋上超空隙水压力的变化范围之内,从超空隙水压力来看,其对样品扰动较小;海洋上取样筒直径方向上样品受到扰动的比例范围为 17.2% ~ 93.3%,本报告中计算的扰动比例为 14.2% ~ 22.6%,小于海洋取样过程中的扰动情况。

由上述分析可知,从超空隙水压力和直径上样品的扰动比例两个参数(取样器本身性能)来看,研制的深水库区取样器取样过程中的扰动性小于海洋上取样时的扰动性;而受到黄河淤积泥沙本身性能的影响,可能会造成样品在垂直方向的扰动较大,对此,拟采用有限元数值模拟方法专门针对垂直方向上的样品扰动情况开展研究。

6.2 取样扰动性数值模拟

考虑土体自身的大变形、土体压缩性及塑性变形,这样既涉及几何非线性、材料非线性,又涉及界面接触摩擦非线性,是一个复杂的高度非线性问题,因此本节以非线性有限元理论为基础,运用有限元软件 ADINA 建立取样器在淤积泥沙中冲击取样的三维力学模型,分析取样器对淤积泥沙扰动状况的影响,对提高取样质量和优化取样器设计具有重要指导意义。

6.2.1 取样器实体模型

深水库区取样器基于活塞式重力取样原理,主要由导流及配重装置、触发装置、取样装置等部分组成。因取样器贯入淤积泥沙的过程很难通过有限元的方法进行全过程模拟，本节主要目的是模拟取样器对淤积泥沙垂直方向的扰动情况，因此本节模拟3.0 m长取样管，贯入淤积泥沙1.0 m时，取样管对样品的扰动情况。

6.2.2　有限元模型

6.2.2.1　有限元计算区域

基于均质半无限弹性空间的boussinesq解答，推导出土体表面上某点和土体样品轴线上某点的轴向位移，由此确定取样器取样时对库区淤积泥沙的影响范围：水平方向，宽度大于等于3*D*；垂直方向，高度大于等于6*D*或2*L*，其中*D*为取样器的取样管外径，*L*为取样器的最大压入深度。在此基础上建立取样器在淤积泥沙中冲击取样的三维力学模型，如图6-4所示，取样器取样管内径为90 mm，外径为114 mm，模拟贯入1 m深度淤积泥沙过程中的淤积泥沙扰动状况，淤积泥沙水平计算区域取为6倍取样管半径，即684 mm，取整为700 mm，竖直计算区域取2倍贯入深度，即2 m。

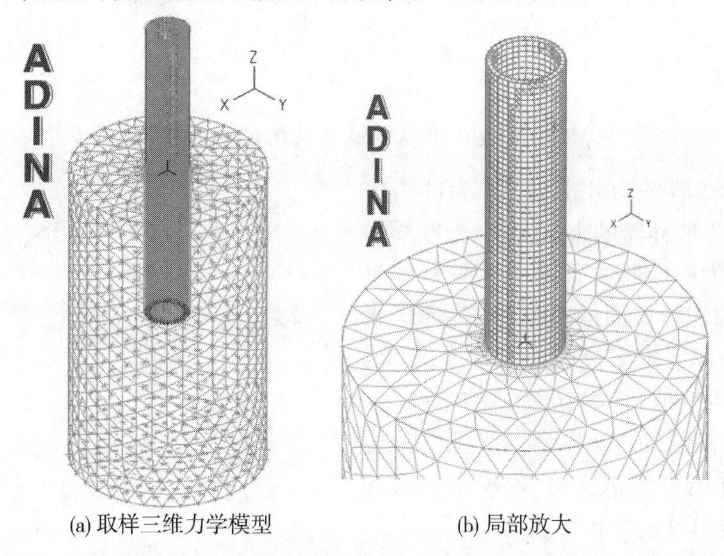

(a) 取样三维力学模型　　(b) 局部放大

图6-4　淤积泥沙取样器冲击取样力学模型

6.2.2.2　本构模型的建立及参数的选取

为了较好地反映淤积泥沙的应力应变关系，假定淤积泥沙为多层连续的弹塑性材料，根据多年实测资料显示该区域可能出现的淤积泥沙为黏土、粉土、粉砂、细砂、中砂。为了研究取样器取样时多淤积泥沙的扰动情况，分别按照上述五种类型的淤积泥沙来模拟取样器在取样时对其产生的不同扰动。淤积泥沙本构模型采用Mohr－Coulomb模型，取样器刀头采用理想的线弹性材料，取样器的弹性模量较大，在与土体相互作用过程中视为刚体，具体模型参数见表6-1。

表6-1　模型物理力学性能参数

参数	黏土	粉土	粉砂	细砂	中砂	取样管
密度ρ(g/cm^3)	2.1	2.1	2.05	2.05	2.05	7.81
弹性模量E(MPa)	45	18	14	37	46	2.1×10^5
泊松比μ	0.35	0.3	0.28	0.28	0.28	0.3
黏聚力c(kPa)	42	10	8	6	3	—
内摩擦角φ(°)	24	30	36	38	40	—

6.2.2.3　边界条件及加载方式

淤积泥沙上表面为自由边界，水平向四周施加水平约束，底部同时施加竖向约束。取样器上端铅块配重按照外荷载施加到取样管上端，为了模拟冲击取样的实际工况，在取样器刀头上施加一个脉冲力来模拟冲击力，平均冲击力计算公式如下：

$$\overline{F} = \frac{m(v_e - v_0)}{\Delta t} \tag{6-7}$$

$$\frac{1}{2}mv_0^2 + mgh = \frac{1}{2}mv_e^2 + \frac{1}{2}\rho_w u_\infty^2 C_D h + f_b h \tag{6-8}$$

式中：$\overline{F}$为取样器平均冲击力；Δt为冲击作用的时间；v_e为取样器的末速度；v_0为取样器的初速度；m为取样器的质量；h为取样器自由落体到淤积泥沙表面的距离；ρ_w为库区水的密度；u_∞为库区水来流的势流速度；C_D为取样器阻力系数（取0.38）；f_b为水的浮力。

由4.2节可知，取样器末速度v_e为1 m/s，根据冲击力测试实验，取冲击刀头的接触时间为0.029 s，冲击荷载为34.5 kN，如图6-5所示。

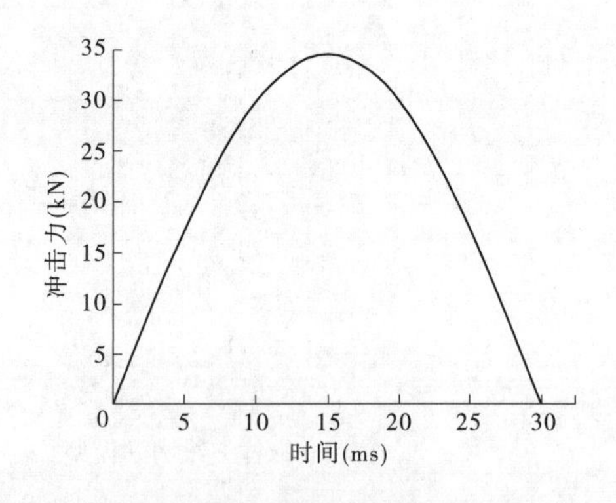

图6-5　冲击荷载曲线

6.2.2.4　单元的选取及网格划分

冲击取样过程实际上是取样管与淤积泥沙界面相互挤压、滑移的过程，由于取样管和淤积泥沙的变形及强度特性相差很大，在外部荷载作用下，两者之间将产生相对滑动，必须设置接触面。取样管与淤积泥沙界面之间的摩擦采用库仑摩擦类型，并假定取样管与淤积泥沙一旦接触就不分开，也就是处于接触且滑动状态。两个界面的摩擦情况通常是由摩擦系数及极限动摩擦阻力决定的。接触面上的剪切力和法向应力关系如图6-6所示，剪切力与法向应力的函数关系为

$$\begin{cases} \tau = K_s\omega & (\omega < \omega_s) \\ \tau = \mu p & (\omega \geqslant \omega_s) \end{cases} \tag{6-9}$$

式中：τ为剪切应力；K_s为剪切刚度；ω为接触面的相对位移；ω_s为弹性极限相对位移；μ为摩擦系数；p为两接触面之间的接触压力。

6.2.3　取样过程中淤积泥沙位移分布

通过有限元计算,得到模型中样品轴心线与 $x=0$ 纵截面轴线、$x=15$ mm 纵截面轴线和 $x=30$ mm 纵截面轴线的 z 方向(纵向)位移和 y 方向(径向)位移,如图 6-7 所示。从图中可以看出:

(1)对于样品轴心线上的样品,径向(Y 方向)基本没有受到扰动;垂直方向,只有底部受到一定扰动,扰动比例范围约为 20%,下端垂直向(z 方向)最大位移为 0.75 mm,相对样品长度(1 000 mm)产生的垂直向最大扰动为 0.075%。

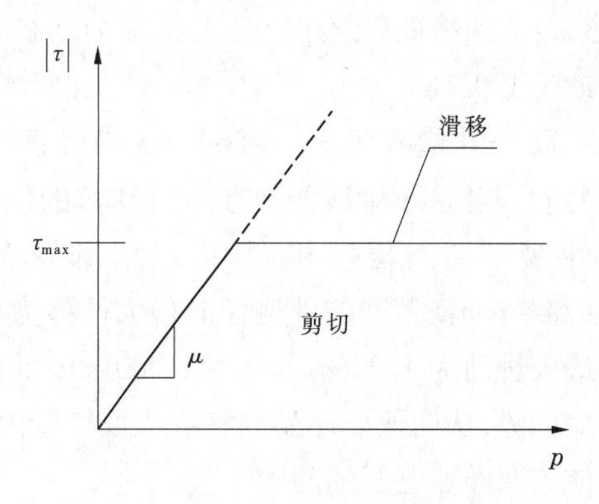

图 6-6　库仑摩擦类型

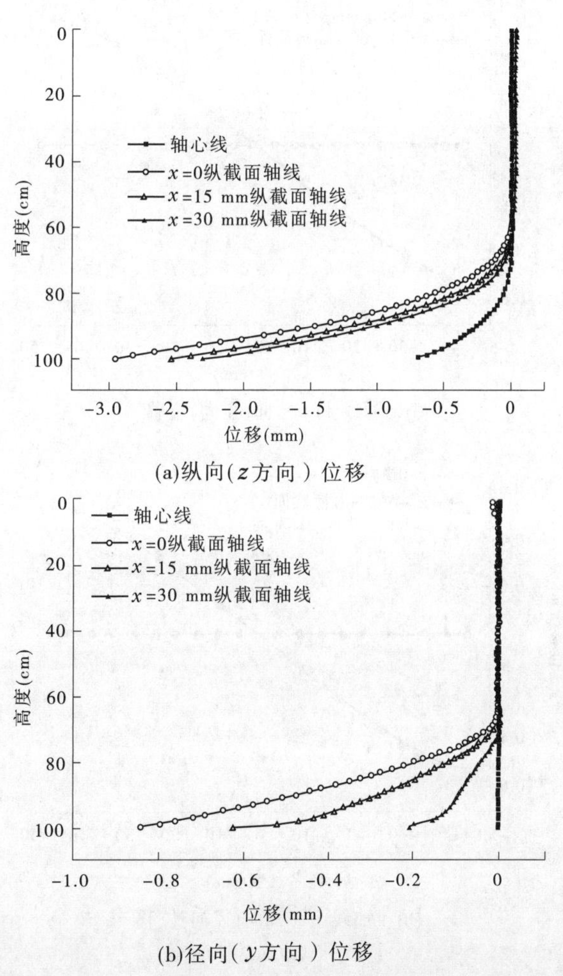

图 6-7　样品轴心线与不同竖向截面处轴线的纵向和径向位移

(2)其余纵截面的底部受扰动较大,垂直向和径向受扰动比例范围约为30%;下端垂直向(z 方向)最大位移为3.0 mm,相对样品长度(1 000 mm)产生的垂直向最大扰动为0.3%;下端径向(y 方向)最大位移为0.87 mm,相对样品半径(45 mm)产生的径向最大扰动为1.93%。

取 $z=0$ 横截面、$z=-500$ mm 横截面、$z=-1\ 000$ mm 横截面处沿着 x 轴线的 y 方向(径向)位移和 y 轴线的 x 方向(径向)的位移图,如图6-8所示。从图中可以看出,相同界面处两个径向位移相同,样品底部受扰动较大,中部以上基本上不受影响。$z=-1\ 000$ mm横截面的外侧径向最大位移为0.55 mm,相对于样品半径(45 mm)产生的径向最大扰动为1.22%。$z=-1\ 000$ mm 处的径向位移说明在取样过程中,该位置样品有内缩趋势,从而保证样品顺利进入取样管内,同时,下部土体持续进入取样器,填补该位置土体与取样器之间的间隙。

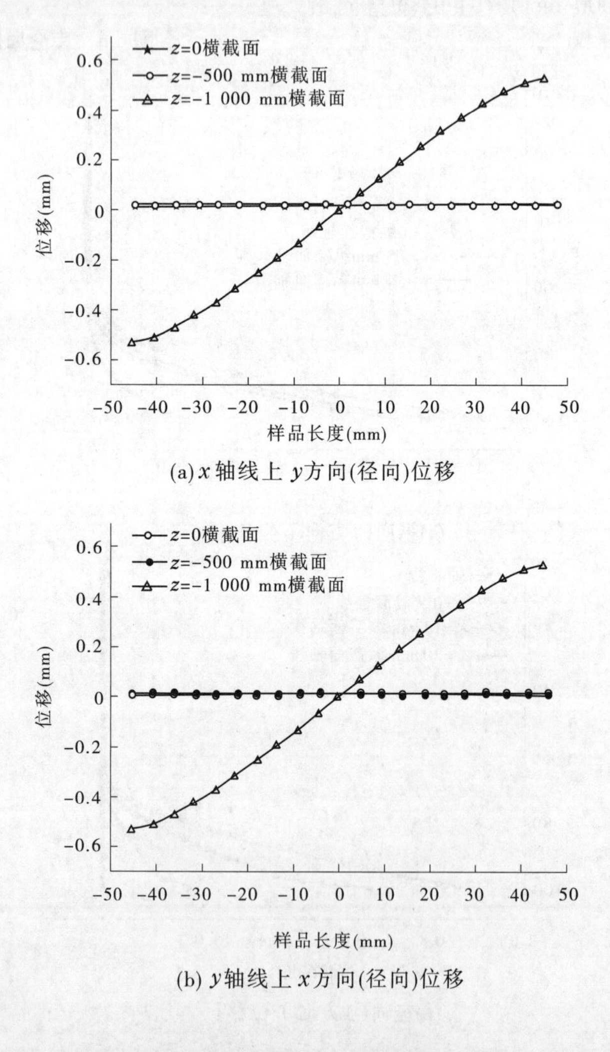

图6-8　不同横截面轴线上径向(x 方向、y 方向)位移

6.2.4　取样过程中淤积泥沙应力分布

与位移计算类似,得到模型中样品轴心线与 $x=0$ 纵截面边缘、$x=15$ mm 纵截面轴线和 $x=30$ mm 纵截面轴线的 z 方向(纵向)应力和应变,以及 y 方向(径向)应力和应变,如图6-9所示。从图可以看出,样品底部一定范围内(30%)具有一定的扰动性。

通过上述淤积泥沙位移计算,由于取样管沿轴向对称,x 轴径向位移等于 y 轴径向位移。同理,x 轴向应力/应变等于 y 轴径向应力/应变,具体如图6-10所示。从图中可以看出,沿纵轴 $z=0$ 和 $z=-500$ mm 截面处的应力和应变几乎为0,因此这段区域内的淤积泥沙几乎不受扰动,但是样品底端($z=-1\ 000$ mm)处样品受到扰动。

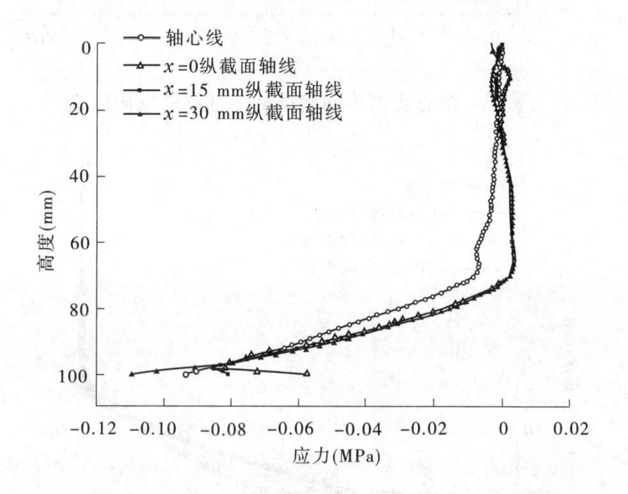

(a)轴心线与不同竖向截面边缘的纵向应变

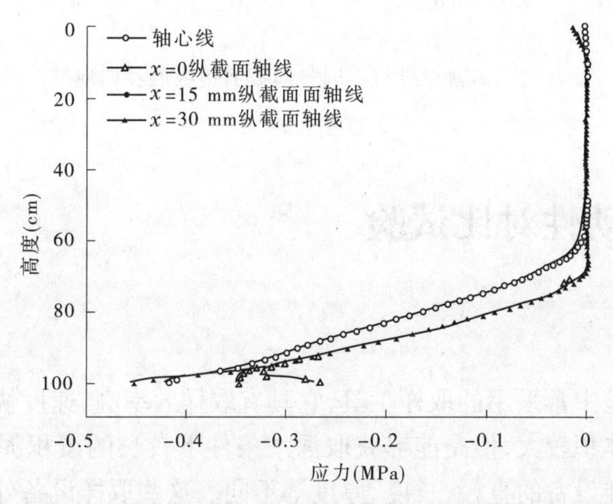

(b)轴心线与不同竖向截面边缘的径向应力

图6-9　轴心线与不同竖向截面轴线沿纵向(z 方向)和径向(y 方向)的应力、应变分布

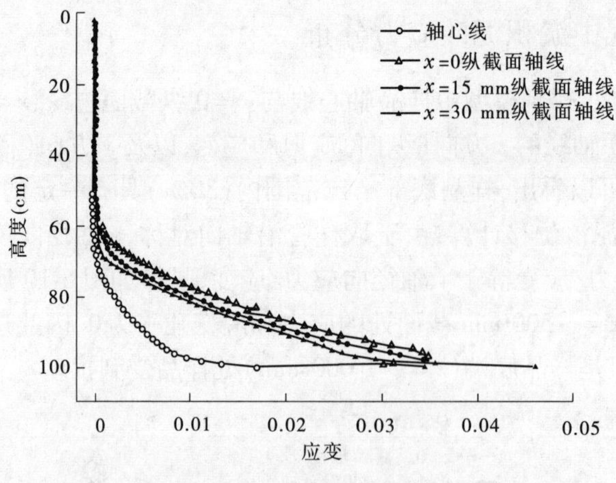

(c)轴心线与不同竖向截面轴线的纵向应变

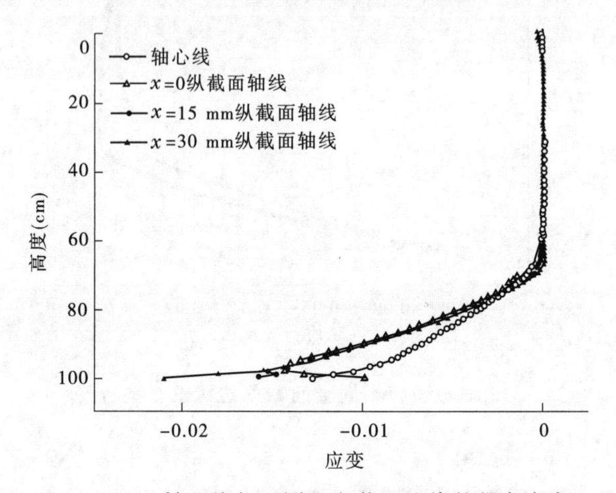

(d)轴心线与不同竖向截面边缘的径向应变

续图6-9

6.3 取样扰动性对比试验

6.3.1 试验目的

环刀是土工试验中常采用的取样工具,它具有取样效率高、速度快和对样品扰动小的特点。深层取样器体积较大,但是能够获取深水条件下较长的淤积泥沙样品。两种取样工作的区别在于取样设备的直径、长度、厚度等不同。这些取样设备外形、尺寸的差异,对取样扰动性影响程度的差异很大,进而会改变样品的密度等特性,但是不会改变样品的颗粒组成和比重等特性。通过开展深层取样器和环刀取样对比试验,测得样品的湿密度、干密度、含水率等物理特性参数,对比分析深层取样器在取样过程中对样品的扰动影响程度。

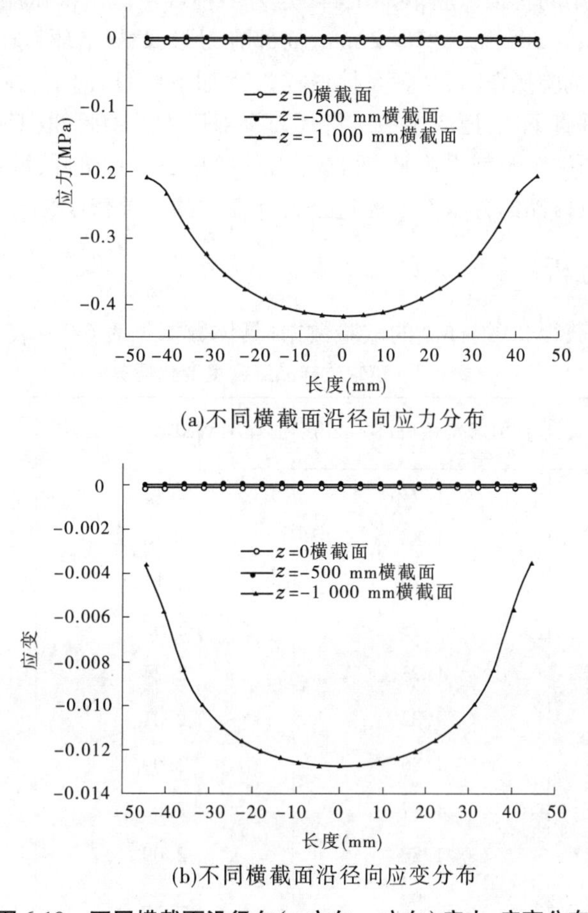

(a)不同横截面沿径向应力分布

(b)不同横截面沿径向应变分布

图 6-10　不同横截面沿径向(x 方向、y 方向)应力、应变分布

6.3.2　试验方法

对比试验选取三门峡库区黄淤 12 断面附近岸边滩地,随机选择软硬程度不同的滩地位置,利用深层取样器和环刀分别开展取样试验,对所取样品进行试验计算,对比分析深层取样器在取样过程中对样品密度和含水率的扰动程度。

深层取样器取样时依靠自重作用插入淤积泥沙中,取样器管壁的厚度主要取决于取样时取样管的强度、刚度、变形满足材料本身的性能要求。对于轴向受压杆件,除应考虑强度和刚度问题外,还应考虑其稳定性问题。通过计算,最终确定的取样管管壁的厚度为 12 mm,取样管内取样衬管的壁厚为 4.5 mm,深层取样器的整体厚度达到了 16.5 mm。由于取样器的厚度较大,因此在取样过程中会对样品发生向内的挤密作用,改变样品密度等特性。取样试验操作时,采用简便操作方法,具体过程如下:将一节 2 m 长的取样管与刀头连接,内装取样衬管,人工抬起一定高度,使其自由下落砸向土样表面,随后用铁锹小心将取样器挖出,抽出取样衬管,下端土样修平,量取取样衬管内样品的长度,并称量取样衬管加样品的质量,通过计算获得样品的湿密度。称量后,取衬管内代表性土样,做含水率试验,获取样品的含水率。通过计算,获得样品的干密度。

钢制环刀是常用的土工试验取样工具,分为多种规格。本次试验采用规格为 $\phi 70 \times 52$ mm 的环刀,体积为 200 cm^3,壁厚 2 mm,前部有刀刃,此规格环刀在水利工程质量检测中经常采用。取样试验操作时,环刀具体取样过程如下:刃口向下放在土样上,上部套放砸盖,然后将环刀垂直下压,压入土中。待环刀全部压入土中后,取下上部砸盖,用铁锹小心将环刀挖出,将两端余土削去修平,擦净环刀外壁称量。称量后,取环刀内代表性土样,做含水率试验,获取样品的含水率。通过公式计算样品的湿密度、干密度。

6.3.3 结果及分析

通过试验分析获得 20 组样品的试验数据,具体数据见表 6-2 ~ 表 6-7。

表 6-2 较软质样品湿密度变化情况

样品编号	环刀测湿密度(g/cm^3)	取样器测湿密度(g/cm^3)	取样器比环刀测量湿密度变化率(%)
1	1.92	2.13	11.1
2	1.88	2.18	15.9
3	1.89	2.12	12.6
4	1.83	2.05	11.7
5	1.93	2.24	16.4
6	1.82	2.01	10.5
7	1.86	2.09	12.3
8	1.87	2.08	10.9
9	1.88	2.09	11.1
10	1.94	2.22	14.4

表 6-3 较软质样品干密度变化情况

样品编号	环刀测干密度(g/cm^3)	取样器测干密度(g/cm^3)	取样器比环刀测量干密度变化率(%)
1	1.45	1.62	12.0
2	1.52	1.77	16.4
3	1.47	1.67	13.7
4	1.45	1.63	12.4
5	1.51	1.77	17.2
6	1.46	1.63	11.3
7	1.52	1.71	12.5
8	1.46	1.63	11.6
9	1.46	1.62	11.3
10	1.53	1.78	16.3

表 6-4　较软质样品含水率变化情况

样品编号	环刀测含水率(%)	取样器测含水率(%)	取样器比环刀测量含水率变化率(%)
1	32.4	31.3	-3.4
2	23.9	23.3	-2.5
3	28.3	27.1	-4.2
4	26.3	25.5	-3.0
5	27.5	26.6	-3.3
6	24.3	23.4	-3.7
7	22.4	22.2	-0.9
8	28.4	27.6	-2.8
9	29.2	28.9	-1.0
10	26.7	24.6	-7.9

从表中数据可以看出,针对较软质样品,取样器比环刀试验所得湿密度增大率为10.5%～16.4%,均值为12.7%,标准差为2.13;干密度增大率为11.3%～17.2%,均值为13.5%,标准差为2.31;含水率减小率为0.9%～7.9%,均值为3.3%,标准差为1.94。

表 6-5　较硬质样品湿密度变化情况

样品编号	环刀测湿密度(g/cm^3)	取样器测湿密度(g/cm^3)	取样器比环刀测量湿密度变化率(%)
11	1.90	2.05	7.7
12	1.91	2.08	8.9
13	1.98	2.19	10.2
14	1.91	2.15	12.5
15	1.95	2.13	9.4
16	1.91	2.16	13.0
17	1.84	1.99	8.1
18	1.83	2.01	10.2
19	1.89	2.04	7.7
20	1.91	2.13	11.6

表 6-6 较硬质样品干密度变化情况

样品编号	环刀测干密度(g/cm³)	取样器测干密度(g/cm³)	取样器比环刀测量干密度变化率(%)
11	1.53	1.66	8.5
12	1.59	1.74	9.4
13	1.58	1.76	11.4
14	1.56	1.76	12.8
15	1.55	1.71	10.7
16	1.57	1.78	13.4
17	1.54	1.68	9.1
18	1.53	1.69	10.5
19	1.55	1.68	8.4
20	1.58	1.77	12.0

表 6-7 较硬质样品含水率变化情况

样品编号	环刀测含水率(%)	取样器含水率(%)	取样器比环刀测量含水率变化率(%)
11	24.2	23.3	-3.7
12	20.1	19.5	-3.0
13	25.6	24.2	-5.5
14	22.3	22.0	-1.3
15	26.0	24.5	-5.8
16	21.6	21.2	-1.9
17	19.5	18.4	-5.6
18	19.5	19.2	-1.5
19	22.2	21.4	-3.6
20	20.9	20.4	-2.4

从表中数据可以看出，针对较硬质样品，取样器比环刀试验所得湿密度增大率为7.7%~13.0%，均值为9.9%，标准差为1.94；干密度增大率为8.4%~13.4%，均值为10.6%，标准差为1.77；含水率减小率为1.3%~5.8%，均值为3.4%，标准差为1.71。

通过对以上试验数据进行分析，可以得出以下结论：

(1)在密度试验中，用全部20组样品的平均变化率作为推算密度的标准，取样器比环刀测量湿密度平均增大率为11.3%，干密度平均增大率为12.1%，可以用此作为推算样品真实湿密度和干密度计算参数。不论样品的软硬程度，取样器比环刀试验所得湿密度和干密度都普遍偏大,这是因为取样器比环刀的壁厚的大,在取样过程中对样品会发生更明显的挤密作用,导致取样器测量样品的湿密度和干密度测量值增大。

(2)在含水率试验中,用全部 20 组样品的平均变化率作为推算密度的标准,取样器比环刀测量含水率平均减小率为 3.4%。不论样品的软硬程度,取样器比环刀试验所得含水率都普遍偏小,这是因为取样器比环刀的壁厚的大,在取样过程中对样品会发生更明显的挤密作用,使土中的部分水分被挤出,导致取样器测量样品含水率值减小。

6.4　低扰动取样技术措施

低扰动取样是采用尽可能严密的措施保护样品天然结构的取样技术。与环刀等薄壁取样器所不同的是,重力式水下取样器重量大、取样深,根据强度和稳定性的机械设计要求,其壁厚较厚,这是引起样品密实度扰动较大的主要原因。为了得到一定深度低扰动样品和测试数据,可以采取以下措施:

(1)优化刀头设计。采用小面积比、小内径比、小外径比来控制样品塑性变形区,减少样品扰动。

(2)在满足机械设计稳定性要求下,尽量减少取样器壁厚。

(3)光滑完整的样品筒。采用工程塑料管作为取样衬管,其内壁光滑完整以降低与淤积泥沙样品间的摩擦力,帮助样品顺利进入取样衬管。采集一定长度样品后,采用专门封盖,密闭衬管中样品。

(4)针对淤积泥沙的类型和敏感性,改进相应的密封结构和材料,并试选长度合适的取样管,既能够有效抵消管壁和样品间的摩擦力,也能够防止较软淤积泥沙坍塌,减少淤积泥沙扰动。

(5)采用有效的数据处理方法。取样器一般不会改变样品的颗粒组成和比重等本身固有特性,但是将改变样品的密度、含水率等特性。通过理论分析和现场试验表明,由于挤密作用的影响,样品的密度发生明显增大,可以根据对比试验的误差分析得出一定的变化比例,对样品的检测数据进行修正,这是试验测试数据处理中常用且有效的方法。

第7章 水库取样及泥沙样品特性

7.1 水库取样

取样器及取样船只经过改造后,分别于2013年4~6月和2013年10~11月在三门峡库区和小浪底水库部分断面开展现场取样试验。

7.1.1 三门峡库区取样

7.1.1.1 取样断面的选择

为了充分了解三门峡库区淤积情况,便于寻找合适的作业区域,套汇不同时间各黄淤断面的淤积情况。部分断面淤积情况如图7-1~图7-5所示。

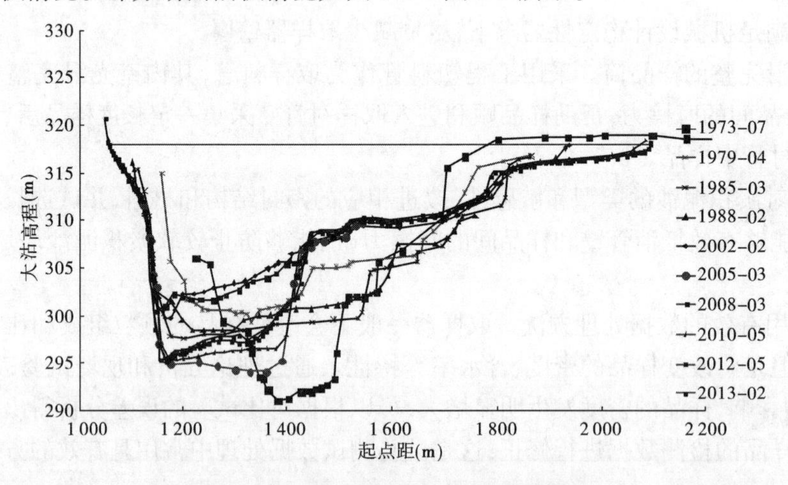

图7-1 黄淤8断面不同时段的淤积情况

根据现场试验作业船只的要求,在选择作业区域时应该选择河床平坦、淤积层明显、水深较大等条件下的河段,以便船只行驶、作业安全和获取代表性的样品。从图7-1~图7-5可以看出,类似黄淤12断面和24断面等比较平坦、水深较大、有利于安全作业,比较适合取样作业。而类似黄淤14断面由于其河槽比较窄深、底部较陡峭,不适合选为取样作业断面。另外,黄淤26断面以上水深较浅,不适合船只行驶,因此选择黄淤2、4、6、8、12、15、16、18、20、22、24、26断面开展现场取样试验。

7.1.1.2 现场取样试验

利用改造后的取样器,于2013年4~6月和2013年10~11月在三门峡库区进行了取样试验。现场取样过程中,取样效果良好,如图7-6所示。

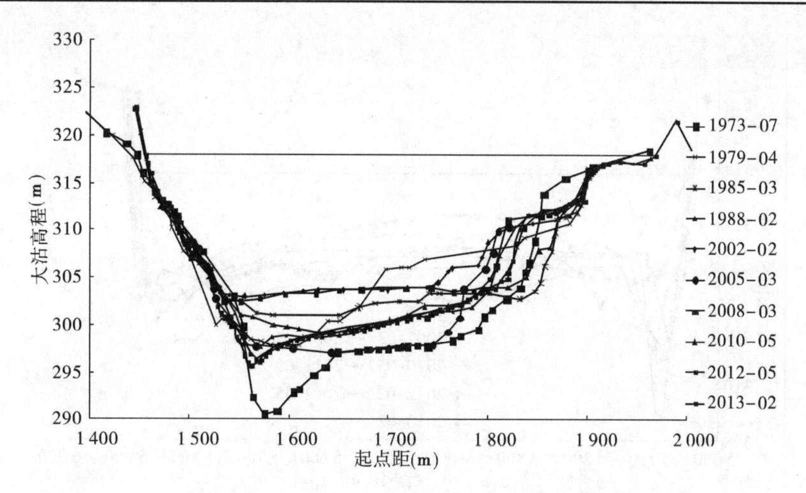

图 7-2　黄淤 12 断面不同时段的淤积情况

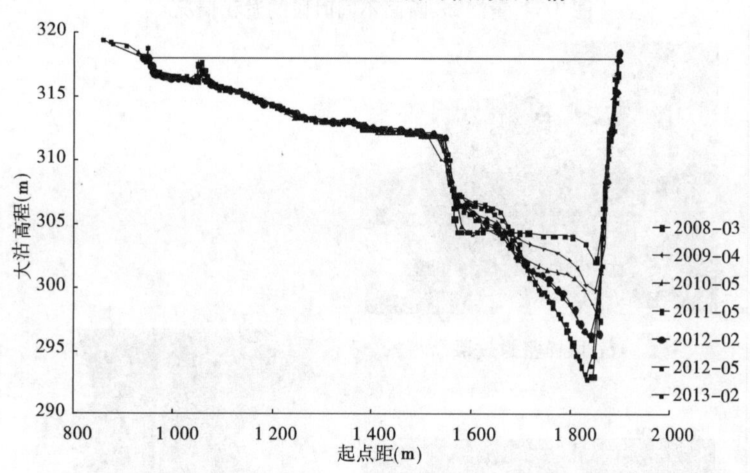

图 7-3　黄淤 14 断面不同时段的淤积情况

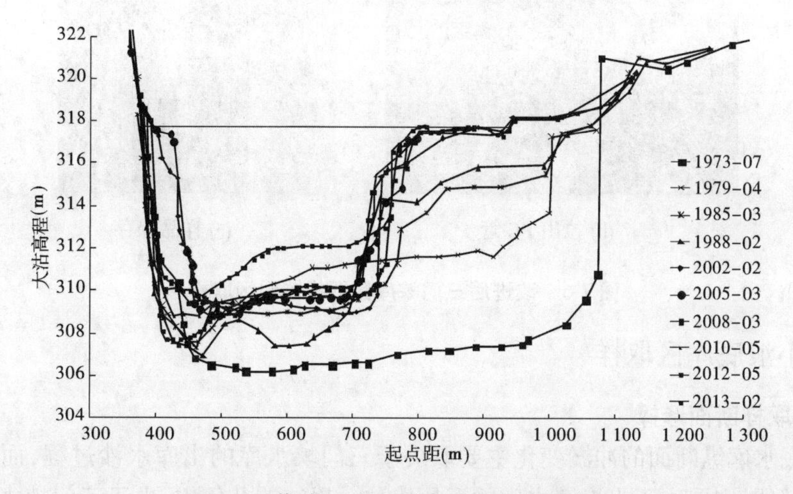

图 7-4　黄淤 24 断面不同时段的淤积情况

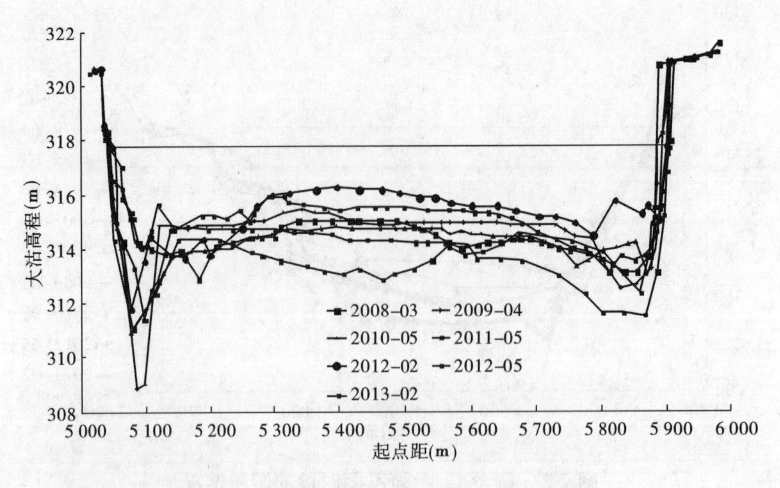

图7-5　黄淤28断面不同时段的淤积情况

(a) 取样密封效果

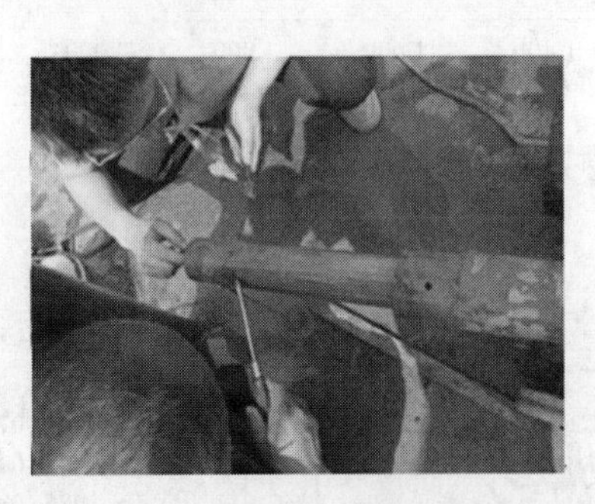

(b) 拉出PC管

(c) 样品保存

图7-6　改进后三门峡库区取样器现场取样

7.1.2　小浪底库区取样

7.1.2.1　取样断面选择

小浪底水库纵断面的冲淤变化主要取决于三门峡水库的出库水沙过程，而横断面冲淤变化的部位，则取决于小浪底水库的运用水位。以往的几年中，由于三门峡水库汛期少有含沙量较大的洪水过程出库，因此小浪底水库的冲淤变化主要发生在每年汛前的调水调沙期间。小浪底水库不同时间典型断面的冲淤变化情况如图 7-7 ~ 图 7-10 所示。

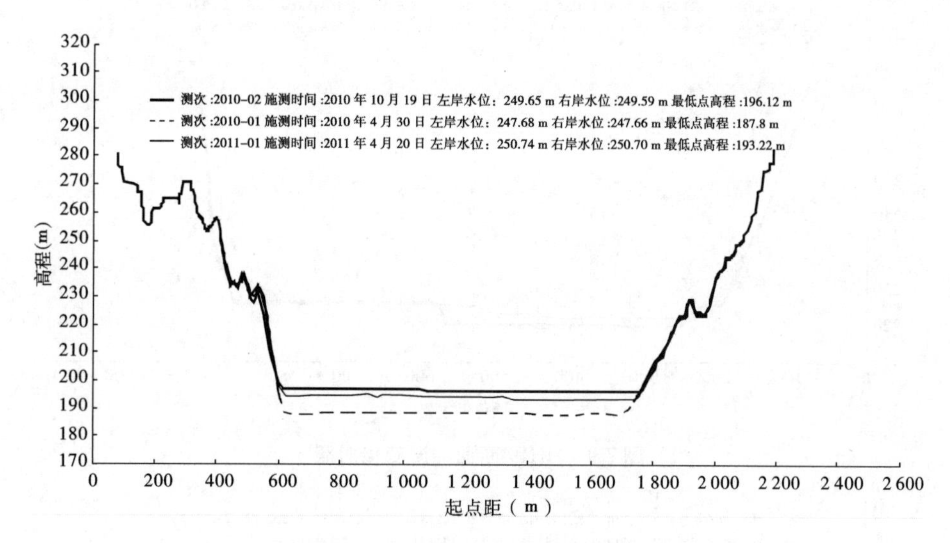

图 7-7　HH06 断面冲淤变化对照

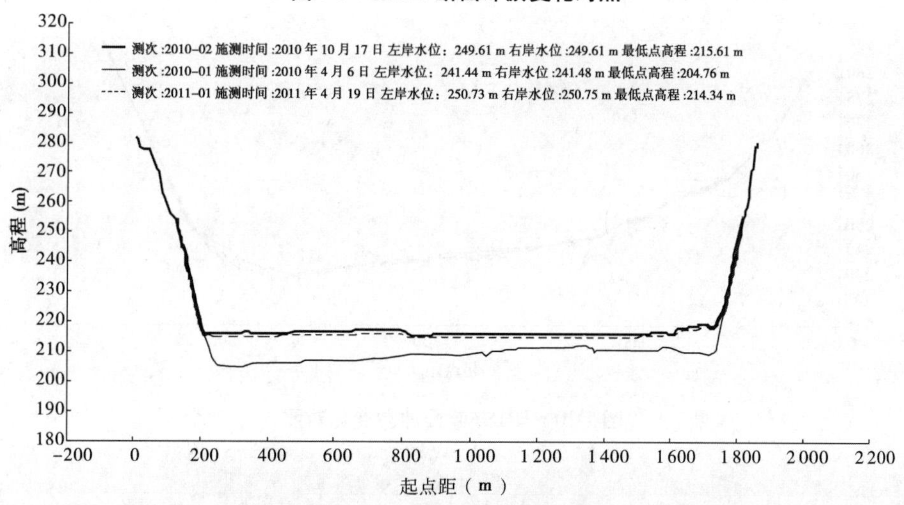

图 7-8　HH12 断面冲淤变化对照

小浪底水库主槽的河床总体较为平坦、水深较大，能够满足作业船只行驶、作业安全和获取代表性样品的需求，因此在进行现场取样时，选择 HH3、10、12、17、23、34、38、48 断面和大峪河支流口等典型断面进行取样作业。

7.1.2.2　现场取样试验

利用改造后的取样器，于 2013 年 4 ~ 6 月和 2013 年 10 ~ 11 月在小浪底水库部分断面进行了现场取样试验，取样效果良好，如图 7-11 所示。

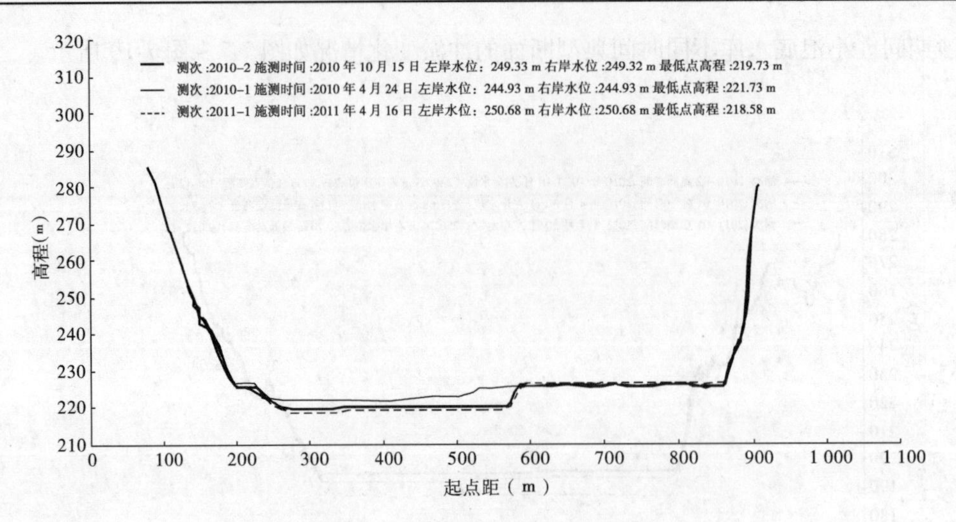

图 7-9　HH19 断面冲淤变化对照

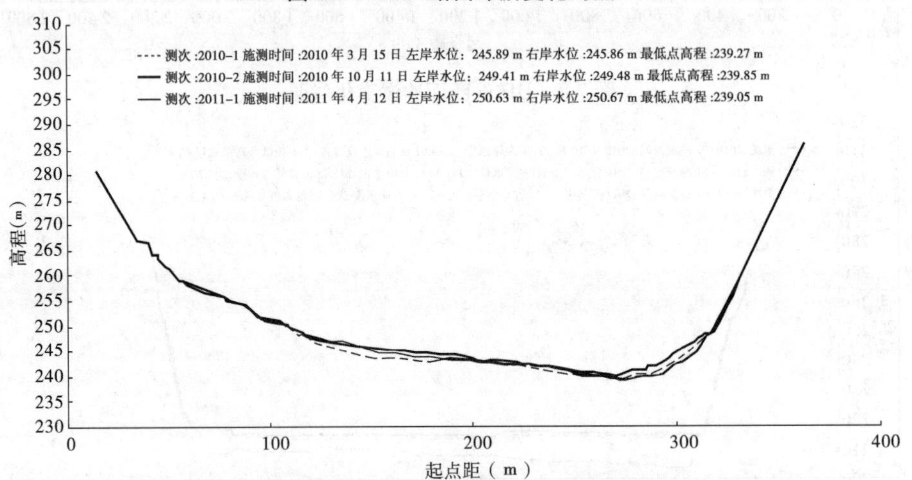

图 7-10　HH50 断面冲淤变化对照

(a) 取样器起吊

(b) 取样器入水

图 7-11　改进后小浪底库区取样器现场取样

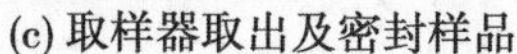

(c) 取样器取出及密封样品　　(d)PC 管拉出

续图 7-11

7.2　泥沙样品物理特性

为验证取样器工作性能，分析库区淤积泥沙特性，在三门峡库区及小浪底库区开展取样器性能验证试验，在多个断面获取库区淤积泥沙样品，依据《土工试验方法标准》（GB/T 50123—1999）和《土工试验规程》（SL 237—1999），对获得的淤积泥沙样品开展比重试验、密度试验、含水率试验、颗粒分析试验和直接剪切试验等，获取淤积泥沙比重、密度、干密度、含水率、颗粒的级配组成、黏聚力、摩擦角等参数，分析三门峡库区和小浪底库区不同位置淤积泥沙的特性。

7.2.1　比重试验

土粒比重是土体在100～105 ℃下烘干至恒值时的质量同体积4 ℃纯水质量的比值，为土体特性的重要参数。按照土粒粒径的不同，分别可采用比重瓶法、浮称法、虹吸筒法进行试验。结合取样样品的情况，选取比重瓶法进行试验。

比重瓶体积100 mL，将烘干土15 g小心装入比重瓶内。为保证试验数据准确，一个样品需要进行两次平行测定，其平行差值不得大于0.02 g，取其算术平均值。一个样品结果如果出现超差，需要重新做一遍试验。为了排除土体中的空气，采用加纯水沙浴煮沸的方式，其余试验步骤按照试验规程进行操作。

土体比重的大小取决于土颗粒的矿物成分，根据工程实践经验，土体比重为2.6～2.8，砂土的平均比重为2.65，粉土的平均比重约为2.70，黏土的平均比重约为2.75。当砂土、粉土、黏土以不同的比例组合时，比重会产生不同的变化。总体来说，砂性土比重偏小，黏性土比重偏大。

7.2.2　密度试验

土体密度是土体的单位体积质量。对于一般黏质土，应采用环刀法。如果土样易碎裂，难以切削，可采用蜡封法。在现场条件下，对粗粒土，可用灌沙法和灌水法。根据本次取样的情况，选取环刀法进行试验测定土体密度。

7.2.3 含水率试验

土体含水率是试样在105～110 ℃下烘到恒量时所失去水的质量和达到衡量后干土质量的比值,以百分数表示。室内试验以烘干法为标准方法。在野外如无烘箱设备或要求快速测定含水率时,可依土的性质和工程情况分别采用下列方法:①酒精燃烧法。适用于简易测定细粒土含水率。②比重法。适用于砂类土。本试验方法适用于有机质(泥炭、腐殖质及其他)含量不超过干质量5%的土,当土中有机质含量为5%～10%,仍允许采用本试验方法,但需注明有机质含量。

根据本次取样样品的情况,选取烘干法进行试验。其余试验步骤按照试验规程进行操作。通过密度试验和含水率试验,获得土样样品的密度、含水率数据后,可计算出样品土样干密度。

7.2.4 颗粒分析试验

颗粒分析试验是测定干土中各种粒组所占该土总质量的百分数,借以掌握颗粒大小分布情况,获得土的分类及概略判断土的性质。根据土的颗粒大小及级配情况,分别采用以下四种方法:①筛析法,适用于粒径大于0.075 mm的土;②密度计法,适用于粒径小于0.075 mm的土;③移液管法,适用于粒径小于0.075 mm的土;④若土中粗细兼有,则联合使用筛析法及密度计法或移液管法。

根据本次取样的情况,多数样品小于0.075 mm的土粒所占比例较大,因此主要选取密度计法进行试验,确定土体的颗粒组成和级配,当粒径超过0.075 mm的粗颗粒较多时,采用筛析法或者联合使用筛析法及密度计法。

7.2.5 直接剪切试验

直接剪切试验是测定土的抗剪强度的一种常用方法。一组试验通常采用4个试样,分别在不同的垂直压力p下,施加水平剪切力进行剪切,求得破坏时的剪应力。然后根据库仑定律确定土的抗剪强度参数:内摩擦角φ和黏聚力c。直接剪切试验分为快剪(Q)、固结快剪(CQ)和慢剪(S)3种试验方法。根据本次取样的情况,主要选取快剪(Q)方法。

三门峡库区和小浪底库区部分断面检测数据见表7-1～表7-11。

表 7-1　三门峡库区黄淤 4 断面淤积泥沙试验数据(试验水深:12.3 m)

土样编号	取样深度(m)	天然状态的物理指标				颗粒组成(%)				直剪试验		固结试验	
		含水率(%)	湿密度(g/cm^3)	干密度(g/cm^3)	比重	中沙(mm) ≥0.25	细沙(mm) 0.25~0.075	粉粒(mm) 0.075~0.005	黏粒(mm) ≤0.005	黏聚力(kPa)	摩擦角(°)	压缩系数(MPa^{-1})	压缩模量(MPa)
黄淤 4-1-0.2	0.20	31.7	1.96	1.49	2.67	0.0	0.0	95.0	5.0	4.0	39.9	0.17	10.58
黄淤 4-1-0.5	0.50	33.5	1.94	1.45	2.69	0.0	0.0	85.2	14.8	6.0	31.7	0.60	3.26
黄淤 4-1-1.0	1.00	39.8	1.85	1.32	2.72	0.0	0.0	80.0	20.0	—	—	0.46	4.23
黄淤 4-1-1.5	1.50	32.7	1.95	1.47	2.70	0.0	1.0	91.2	7.8	16.1	30.1	0.20	9.22

表 7-2　三门峡库区黄淤 12 断面淤积泥沙试验数据(试验水深:15.4 m)

土样编号	取样深度(m)	天然状态的物理指标				颗粒组成(%)				直剪试验		固结试验	
		含水率(%)	湿密度(g/cm^3)	干密度(g/cm^3)	比重	中沙(mm) ≥0.25	细沙(mm) 0.25~0.075	粉粒(mm) 0.075~0.005	黏粒(mm) ≤0.005	黏聚力(kPa)	摩擦角(°)	压缩系数(MPa^{-1})	压缩模量(MPa)
黄淤 12-1-0.25	0.25	35.2	1.93	1.43	2.74	0.0	0.8	75.7	23.5	35.3	45.3	—	—
黄淤 12-1-0.50	0.50	34.8	1.94	1.44	2.75	0.0	0.0	73.3	26.7	33.2	38.9	—	—
黄淤 12-1-0.75	0.75	34.7	1.94	1.44	2.75	0.0	0.0	72.2	27.8	36.7	37.6	0.18	16.3
黄淤 12-1-1.00	1.00	34.5	1.95	1.45	2.75	0.0	0.0	69.0	31.0	38.9	41.2	—	—
黄淤 12-1-1.25	1.25	33.4	1.97	1.48	2.74	0.0	0.0	66.8	33.2	35.4	37.0	—	—

表 7-3 三门峡库区黄淤 18 断面淤积泥沙试验数据(试验水深:12.8 m)

土样编号	取样深度(m)	天然状态的物理指标				颗粒组成(%)				直剪试验		固结试验	
		含水率(%)	湿密度(g/cm^3)	干密度(g/cm^3)	比重	中沙(mm) ≥0.25	细沙(mm) 0.25~0.075	粉粒(mm) 0.075~0.005	黏粒(mm) ≤0.005	黏聚力(kPa)	摩擦角(°)	压缩系数(MPa^{-1})	压缩模量(MPa)
黄淤 18-1-0.25	0.25	28.3	1.89	1.47	2.72	0.0	24.7	56.8	18.5	36.2	40.5	—	—
黄淤 18-1-0.50	0.50	28.1	1.89	1.48	2.72	0.0	23.3	55.4	21.3	35.0	39.6	—	—
黄淤 18-1-0.75	0.75	28.0	1.91	1.49	2.73	0.0	23.1	56.4	20.5	36.7	36.9	—	—
黄淤 18-1-1.00	1.00	27.8	1.93	1.51	2.73	0.0	23.6	54.8	21.6	32.5	38.3	—	—
黄淤 18-1-1.25	1.25	27.7	1.93	1.51	2.73	0.0	21.3	58.9	19.8	34.5	41.2	—	—

表 7-4 三门峡库区黄淤 20 断面淤积泥沙试验数据(试验水深:10.2 m)

土样编号	取样深度(m)	天然状态的物理指标				颗粒组成(%)				直剪试验		固结试验	
		含水率(%)	湿密度(g/cm^3)	干密度(g/cm^3)	比重	中沙(mm) ≥0.25	细沙(mm) 0.25~0.075	粉粒(mm) 0.075~0.005	黏粒(mm) ≤0.005	黏聚力(kPa)	摩擦角(°)	压缩系数(MPa^{-1})	压缩模量(MPa)
黄淤 20-1-0.25	0.25	23.1	1.98	1.61	2.69	0.6	68.2	27.6	3.6	15.0	23.1	—	—
黄淤 20-1-0.50	0.50	23.0	2.01	1.63	2.70	0.6	68.5	26.4	4.5	14.2	22.8	—	—
黄淤 20-1-0.75	0.75	22.8	2.01	1.64	2.69	0.6	69.2	26.6	3.6	13.1	25.4	0.08	19.4
黄淤 20-1-1.00	1.00	22.5	2.03	1.66	2.69	0.6	70.2	25.6	3.6	9.8	29.5	—	—

表 7-5　三门峡库区黄淤 24 断面淤积泥沙试验数据(试验水深:8.3 m)

土样编号	取样深度(m)	天然状态的物理指标				颗粒组成(%)				直剪试验		固结试验	
		含水率(%)	湿密度(g/cm^3)	干密度(g/cm^3)	比重	中沙(mm) ≥0.25	细沙(mm) 0.25~0.075	粉粒(mm) 0.075~0.005	黏粒(mm) ≤0.005	黏聚力(kPa)	摩擦角(°)	压缩系数(MPa^{-1})	压缩模量(MPa)
黄淤 24－1－0.25	0.25	23.7	1.97	1.59	2.70	0.4	79.0	17.6	3.0	15.3	22.3	—	—
黄淤 24－1－0.50	0.50	23.6	1.99	1.61	2.71	0.0	74.0	23.4	2.6	14.5	23.4	—	—
黄淤 24－1－0.75	0.75	22.9	1.95	1.59	2.71	0.0	69.3	27.9	2.8	16.3	22.6	0.07	23.8

表 7-6　小浪底库区 HH3 断面淤积泥沙试验数据(试验水深:41.2 m)

土样编号	取样深度(m)	天然状态的物理指标				颗粒组成(%)				直剪试验	
		含水率(%)	湿密度(g/cm^3)	干密度(g/cm^3)	比重	中沙(mm) ≥0.25	细沙(mm) 0.25~0.075	粉粒(mm) 0.075~0.005	黏粒(mm) ≤0.005	黏聚力(kPa)	摩擦角(°)
HH3－1－0.5	0.5	34.7	1.94	1.44	2.72	0.0	0.0	89.9	10.1	—	—
HH3－1－1.0	1.0	33.8	1.95	1.46	2.72	0.0	0.0	91.2	8.8	—	—
HH3－1－1.5	1.5	33.3	1.94	1.46	2.71	0.0	0.0	90.2	9.8	22.8	31.3
HH3－1－2.0	2.0	32.5	1.96	1.48	2.71	0.0	0.0	94.7	5.3	—	—
HH3－1－2.5	2.5	31.3	1.96	1.49	2.71	0.0	0.3	95.9	3.8	—	—

表 7-7　小浪底库区 HH10 断面淤积泥沙试验数据(试验水深:38.0 m)

土样编号	取样深度(m)	天然状态的物理指标				颗粒组成(%)				直剪试验	
		含水率(%)	湿密度(g/cm^3)	干密度(g/cm^3)	比重	中沙(mm) ≥0.25	细沙(mm) 0.25~0.075	粉粒(mm) 0.075~0.005	黏粒(mm) ≤0.005	黏聚力(kPa)	摩擦角(°)
HH10-1-0.5	0.5	31.2	1.97	1.50	2.70	0.1	14.9	72.1	12.9	—	—
HH10-1-1.0	1.0	34.2	2.03	1.51	2.73	0.0	0.0	80.7	19.3	—	—
HH10-1-1.5	1.5	33.1	2.03	1.53	2.72	0.1	1.0	95.3	3.6	18.4	32.5
HH10-1-2.0	2.0	31.2	2.05	1.56	2.72	0.1	5.3	90.3	4.3	—	—
HH10-1-2.5	2.5	30.5	2.03	1.56	2.73	0.1	2.3	90.0	7.6	—	—

表 7-8　小浪底库区 HH17 断面淤积泥沙试验数据(试验水深:41.2 m)

土样编号	取样深度(m)	天然状态的物理指标				颗粒组成(%)				直剪试验	
		含水率(%)	湿密度(g/cm^3)	干密度(g/cm^3)	比重	中沙(mm) ≥0.25	细沙(mm) 0.25~0.075	粉粒(mm) 0.075~0.005	黏粒(mm) ≤0.005	黏聚力(kPa)	摩擦角(°)
HH17-1-0.5	0.5	27.2	2.02	1.59	2.71	0.0	0.4	96.8	2.8	21.6	41.1
HH17-1-1.0	1.0	24.1	1.98	1.60	2.71	0.0	0.5	96.5	3.0	—	—
HH17-1-1.5	1.5	22.6	1.98	1.62	2.70	0.0	0.9	97.1	2.0	—	—

表 7-9 小浪底库区 HH23 断面淤积泥沙试验数据(试验水深:34.5 m)

土样编号	取样深度(m)	天然状态的物理指标				颗粒组成(%)				直剪试验	
		含水率(%)	湿密度(g/cm^3)	干密度(g/cm^3)	比重	中沙(mm) ≥0.25	细沙(mm) 0.25~0.075	粉粒(mm) 0.075~0.005	黏粒(mm) ≤0.005	黏聚力(kPa)	摩擦角(°)
HH23-1-0.5	0.5	25.1	2.03	1.62	2.70	0.1	6.5	90.1	3.3	31.2	45.8
HH23-1-1.0	1.0	23.8	2.03	1.64	2.70	0.1	7.3	89.2	3.4	—	—
HH23-1-1.5	1.5	24.1	2.05	1.65	2.70	0.1	7.8	89.4	2.7	—	—

表 7-10 小浪底库区 HH34 断面淤积泥沙试验数据(试验水深:28.7 m)

土样编号	取样深度(m)	天然状态的物理指标				颗粒组成(%)				直剪试验	
		含水率(%)	湿密度(g/cm^3)	干密度(g/cm^3)	比重	中沙(mm) ≥0.25	细沙(mm) 0.25~0.075	粉粒(mm) 0.075~0.005	黏粒(mm) ≤0.005	黏聚力(kPa)	摩擦角(°)
HH34-1-0.5	0.5	35.1	1.94	1.44	2.72	0.0	0.0	58.1	41.9	—	—
HH34-1-1.0	1.0	26.4	2.00	1.58	2.68	0.2	39.6	35.4	24.8	6.6	47.5
HH34-1-1.5	1.5	24.4	1.99	1.60	2.70	0.3	42.4	40.4	16.9	—	—

表 7-11　小浪底库区 HH48 断面淤积泥沙试验数据(试验水深:32.4 m)

土样编号	取样深度(m)	天然状态的物理指标				颗粒组成(%)				直剪试验	
		含水率(%)	湿密度(g/cm^3)	干密度(g/cm^3)	比重	中沙(mm) ≥0.25	细沙(mm) 0.25~0.075	粉粒(mm) 0.075~0.005	黏粒(mm) ≤0.005	黏聚力(kPa)	摩擦角(°)
HH48-1-0.5	0.5	29.4	2.00	1.55	2.70	0.1	0.8	95.1	4.0	—	—
HH48-1-1.0	1.0	28.2	2.00	1.56	2.70	0.0	0.7	97.3	2.0	23.1	46.2
HH48-1-1.5	1.5	25.4	2.04	1.63	2.69	0.1	1.8	96.1	2.0	—	—
HH48-1-2.0	2.0	21.3	2.05	1.69	2.68	0.2	39.5	35.5	24.8	15.9	35.3

从全部检测数据可以看出,三门峡库区和小浪底库区试验库段淤积泥沙分布沿河流和深度方向有一定的规律性,具体情况如下:

(1)上游的颗粒中粗颗粒所占比例总体上高于下游,符合水库淤积的一般性规律。

(2)比重的大小取决于土颗粒的矿物成分,天然土含有不同矿物组成的土粒,它们的比重一般是不同的。土的比重为2.6~2.8,砂土的平均比重为2.65,粉土的平均比重约为2.70,黏土的平均比重约为2.75。当砂土、粉土、黏土以不同的比例组合在一起时,比重会产生不同的变化。本次试验结果中,三门峡库区淤积泥沙的比重为2.68~2.75,小浪底库区淤积泥沙的比重为2.68~2.73,说明颗粒组成中粗、中、细颗粒兼有之,并且粗粒中大粒径的颗粒较少,绝大多数颗粒≤0.25 mm,比重值和泥沙颗粒粒径组成呈明显相关性。

(3)从检测数据中得出,三门峡库区淤积泥沙的干密度为1.21~1.73 g/cm^3,小浪底库区淤积泥沙的干密度为1.31~1.73 g/cm^3。根据环刀和取样器的对比试验结果,取样器干密度测量值比环刀测量值平均大12.1%,考虑取样器的挤密作用,对干密度值进行了合理修正,推算三门峡库区淤积泥沙干密度为1.08~1.54 g/cm^3,推算小浪底库区淤积泥沙干密度为1.17~1.54 g/cm^3。淤积泥沙的干密度与泥沙颗粒粒径的组成分布是呈相关性的,所在断面落淤泥沙的粗细程度决定该处淤积泥沙干密度的大小,粗中细颗粒级配均匀的样品,一般形成的干密度较大。

(4)颗粒的粗细对淤积泥沙的抗剪强度影响很大,总体上黏性土颗粒含量大,淤积泥沙的黏聚力较大,而砂性土颗粒含量大,淤积泥沙的黏聚力较小。

7.3 泥沙样品矿物组成及化学特性

7.3.1 泥沙样品矿物组成

2013年10~11月,在小浪底库区开展现场取样试验。根据当时水沙特性、水位深浅、船只操作安全等影响因素,选择小浪底库区HH3~HH50断面之间的8个断面和大峪河口1个断面作为典型取样断面,小浪底库区部分取样断面布置情况如图7-12所示。每个取样断面获取一定深度的淤积泥沙样品,采样点编号根据所取断面编号进行排序。在现场取样过程中,每个断面首先开展水下地形测量,分析水下地形现状;通过分析比选,选择地形较为平坦、水流变化较为稳定的主槽位置作为取样点,以利于提高取样效率和成功率。

泥沙样品检测试验依据《土工试验规程》(SL 237—1999)进行,通过颗粒分析试验、比重试验等,获取淤积泥沙颗粒组成、比重等参数,分析小浪底库区深层淤积泥沙颗粒的粒径分布、比重等的变化规律,小浪底库区典型断面深层淤积泥沙粒径变化情况见表7-12。

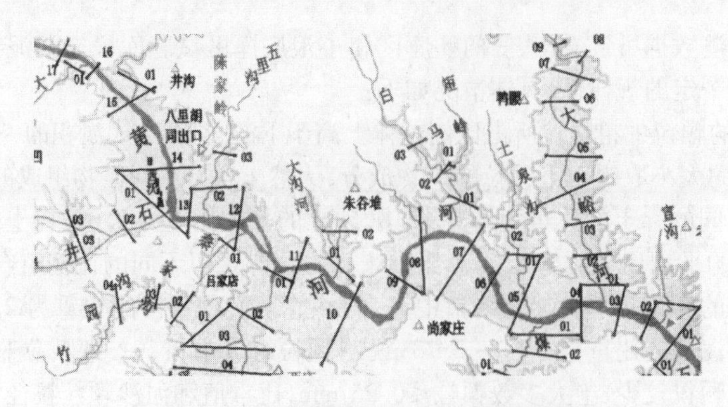

图 7-12 小浪底库区部分取样断面布置

表 7-12 小浪底库区典型断面主槽淤积泥沙颗粒组成及比重沿深度变化情况

取样断面	样品深度(m)	中值粒径(mm)	泥沙含量(%)		比重
			≥0.05 mm	≥0.025 mm	
HH3 - 0.5	0.5	0.018	1.9	24.4	2.72
HH3 - 1.0	1.0	0.018	2.7	26.8	2.71
HH3 - 1.5	1.5	0.018	4.3	27.3	2.71
HH3 - 2.0	2.0	0.019	5.0	30.1	2.71
HH10 - 0.5	0.5	0.019	26.0	40.0	2.70
HH10 - 1.0	1.0	0.014	0.0	7.4	2.73
HH10 - 1.5	1.5	0.025	12.1	48.5	2.72
HH12 - 0.5	0.5	0.017	13.2	45.3	2.70
HH12 - 1.0	1.0	0.023	5.0	44.0	2.71
HH12 - 1.5	1.5	0.021	6.2	48.1	2.70
HH12 - 2.0	2.0	0.018	8.0	28.1	2.70
HH17 - 0.5	0.5	0.037	27.1	76.1	2.71
HH23 - 0.5	0.5	0.067	56.1	79.7	2.72
HH34 - 0.5	0.5	0.017	36.5	44.7	2.70
HH34 - 1.0	1.0	0.019	44.1	46.1	2.68
HH36 - 0.5	0.5	0.122	92.0	95.4	2.69
HH36 - 1.0	1.0	0.126	93.1	95.1	2.68
HH48 - 0.5	0.5	0.030	12.1	62.0	2.70
HH48 - 1.0	1.0	0.037	14.4	75.6	2.71

由表7-12可知，本次取样主槽深层淤积泥沙的比重值分区区间为2.68~2.73。比重值和泥沙颗粒粒径组成变化规律呈反比趋势，如HH36断面，中值粒径为0.122 mm、0.126 mm，比重值为2.69、2.68，而HH3断面，中值粒径为0.018 mm、0.019 mm，比重值均为2.71。

在对样品进行研磨（<200目）的基础上，利用理学D/max-2500PC仪器，参照规范《转靶多晶体X射线衍射方法通则》（JY/T 009—1996）对所取样品进行检测，小浪底库区5个断面所取淤积泥沙样品中矿物组成含量见表7-13，库区淤积泥沙矿物组成主要为石英、长石、绿泥石、方解石、伊利石等，各断面矿物组成中石英占20%~45%，长石占6%~30%，绿泥石占6%~12%，方解石占7%~15%，伊利石占5%~10%。对比表7-12、表7-13发现，细颗粒泥沙矿物组成中伊利石、蒙脱石等矿物含量高，泥沙颗粒的来源基本为黏土矿物，是化学风化的产物；粗颗粒泥沙矿物组成中石英、方解石和各种长石含量较高，泥沙颗粒的形成来源于岩石的风化粗颗粒，是物理风化的产物。

表7-13　小浪底库区深层淤积泥沙中矿物组成含量

取样位置	样品深度（m）	石英（%）	斜长石（%）	钾长石（%）	方解石（%）	伊利石（%）	绿泥石（%）	白云石（%）	角闪石（%）	云母（%）	蒙脱石（%）	高岭石（%）
HH3	0.5	40~45	15~20	9	10	5	7	—	5	3	—	—
HH3	2.5	25~30	15~20	7	8	8	12	5	—	8	3	—
HH12	0.5	35~40	15~20	10	9	6	8	5		3	—	—
HH23	0.5	35~40	15~20	8	12	5	10		3	5	—	—
HH34	0.5	20~25	10~15	8	10~15	7	12	3	3	10	5	—
HH48	0.5	35~40	10~15	7	7	10	6		3	5	—	—
HH48	1.0	40~45	10~15	6	8	9	6	9	3	3	—	—

对比表7-12和表7-13比重与矿物成分关系分析发现，比重的大小取决于土颗粒的矿物成分，淤积泥沙含有不同矿物组成含量，它们的比重一般不同。

7.3.2　泥沙样品化学特性

由于各断面地形状况、水沙特点等取样工况不同，取样管中取得样品长度范围为0.6~3.0 m，根据每个样品自身长度（即取样深度），沿样品长度间隔0.5 m取一个测验点以保证试验数据的代表性，分析淤积泥沙重金属含量变化情况，取样断面如图7-12所示。

7.3.2.1　分析方法

样品由河南省岩石矿物测试中心分析，每个送检样品质量不少于1 kg，淤积泥沙样品经自然风干。利用淤积泥沙样品分析的项目为Pb、Cd、Cr、As、Hg。样品去除砂砾、石块、草等异物，烘干至恒重，最后粉碎达200目筛后，在干燥器中存放备用。Pb、Cd、Cr含量用XSERIES2电感耦合等离子体质谱仪测定；As、Hg含量用AFS-8330双道原子荧光光度计测定。检测依据为《多目标区域地球化学调查规范（1∶250 000）》（DD 2005—01）测试过程中进行重复样和标样分析。所用的聚乙烯和玻璃容器在 14% 的硝酸溶液中浸泡 24 h 以上，并用去离子水冲洗后低温烘干。

7.3.2.2　重金属测定结果

小浪底库区 9 个断面所取淤积泥沙样品中重金属含量见表 7-14。从表中可以看出，大部分测点间的元素含量相差较小，但是最高值和最低值相差较大。相差最大的是 Hg，其最大值是最小值的 12 倍。相差最小的是 As，其最大值是最小值的 2 倍。其他 3 种元素的差值在 3 倍至 6 倍之间。从重金属含量的绝对值来看，含量从高到低排列为 Cr > Pb > As > Cd > Hg。同时，从表 7-14 中可以看出，随着深度增加重金属含量具有一定程度的增加，如 HH3 断面，但在监测断面 12 和 50 则不符合这个规律，分析其原因可能是采样时间在黄河汛后，汛期易造成淤积泥沙的淤积和冲刷，这些条件为淤积泥沙中重金属的迁移转化创造条件，特别是浅层淤积泥沙受到这些因素的影响更大，造成部分断面浅层泥沙的重金属含量略大于深层泥沙的原因。

表 7-14　小浪底库区深层淤积泥沙中重金属含量

样品编号	样品深度(m)	Pb	Cd	Cr	As	Hg
HH3 - 0.5	0.5	20.3	0.14	32.1	7.63	25.47
HH3 - 1.0	1.0	22.5	0.14	37.7	8.21	27.89
HH3 - 1.5	1.5	25.5	0.12	39.8	11.20	24.33
HH3 - 2.0	2.0	24.8	0.15	39.5	9.01	30.10
HH3 - 2.5	2.5	60.8	0.29	57.2	12.95	258.49
HH12 - 0.5	0.5	33.8	0.11	36.6	9.81	64.13
HH12 - 1.0	1.0	31.3	0.08	32.5	8.75	60.34
HH16 - 0.5	0.5	27.9	0.16	36.2	9.81	64.26
HH16 - 1.0	1.0	31.3	0.08	32.5	8.75	60.34
HH23 - 0.5	0.5	19.6	0.05	33.1	7.11	22.16
HH34 - 0.5	0.5	30.0	0.16	87.5	16.36	69.80
HH36 - 0.5	0.5	29.8	0.18	84.7	16.32	69.34
HH38 - 0.5	0.5	45.4	0.20	80.0	16.22	135.87
HH50 - 0.5	0.5	23.9	0.16	34.4	8.19	30.53
HH50 - 1.0	1.0	18.9	0.10	30.2	7.56	24.46
大峪河口 -0.5	0.5	25.9	0.22	38.4	9.20	51.88
大峪河口 -1.0	1.0	29.9	0.19	44.2	9.28	89.53
平均值		28.8	0.14	53.1	11.43	60.19

注：样品中 Pb、Cd、Cr、As 元素的含量单位为 10^{-6} g/g，Hg 元素的含量为 10^{-9} g/g；平均值为 HH3 ~ HH50 断面深度 0.5 m 处各重金属元素含量的平均值。

从沿程（上游至下游）来看，着重以 0.5 m 深度处样品分析，大部分元素变化比较平缓。HH38断面的样品Hg含量值较高，达到均值的2倍多，从Cr、As的分布可以看出，HH34～HH38断面之间含量比均值大近2倍，分析可能是此区间有含该3种元素的废水排入，或者黄河支流板涧河、涧河的泥沙中Hg、Cr、As的含量较高，随水流进入该库段沉积下来。其余断面的淤积泥沙重金属元素含量分布均匀，变化幅度不大。

从图7-13中可以看出，同一断面位置，在所取样品长度范围内重金属含量沿深度方向有增大的趋势，且除重金属As之外，从深度2.0 m到2.5 m有个明显增大的趋势，出现该现象的原因可能是重金属污染物随着泥沙的沉积固结作用、重力作用等，沿着淤积泥沙空隙逐渐往深层泥沙运移，同时，表层淤积泥沙易受到水流水力特性的影响，如黄河调水调沙试验，这为淤积泥沙中重金属污染物的释放创造了有利条件，这也是浅层淤积泥沙中重金属污染物含量较低的一个原因。从这些研究成果可以看出，研究库区深层淤积泥沙的重金属污染情况，可对开展黄河调水调沙和机械生态清淤等试验工作的开展提供基础数据资料。

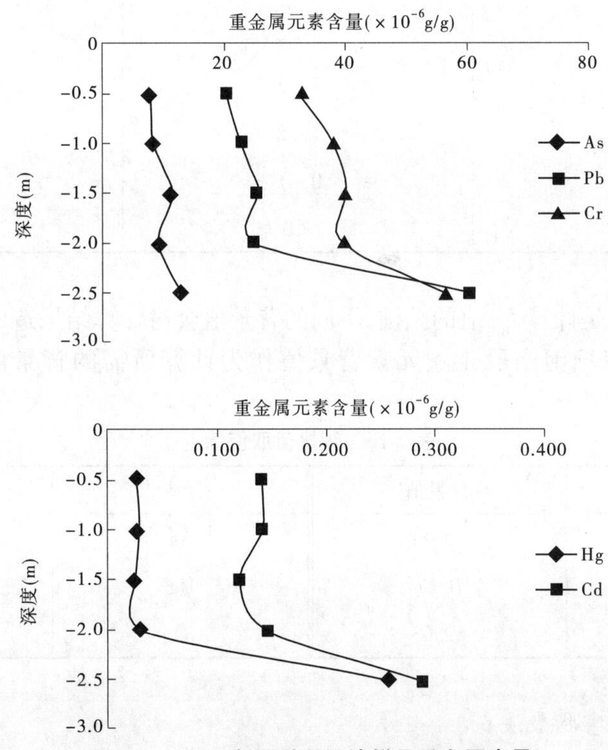

图7-13　HH3断面淤积泥沙样品重金属含量

7.3.2.3　污染程度评价

目前，国内外关于评价河流底泥中重金属污染的方法很多，主要包括地质累积指数法(index of geo－accumulation)、污染负荷指数法(the pollution load index)、潜在生态危害指数法(potential ecological index)及脸谱图集法(face－graph)等，其中地质累积指数法和潜在生态危害指数法是目前使用较多且较成熟的重金属污染评价方法。本书中采用这两种方法对淤积泥沙重金属的污染程度和潜在风险情况进行评价。

1. 地质累积指数法

地质累积指数(I_{geo})主要研究水环境沉积物中重金属污染的定量指标,是德国海德堡大学沉积物研究所 Muller 教授提出的,已在欧洲广泛应用。其公式为

$$I_{geo} = \log_2 \frac{C_n}{1.5B_n} \tag{7-1}$$

式中:C_n 是指元素 n 在沉积物中的实测含量;B_n 是元素 n 在沉积岩中的地球化学背景值;1.5 是表征成岩作用与背景值相互关系的常量。地质累积指数分为 7 级,即 0 ~ 6 级,表示污染程度由无至极强,具体情况见表 7-15。

表 7-15　地质累积指数法污染程度分类等级情况

污染程度	沉积物 I_{geo}	I_{geo} 分级
极强	>5	6
强—极强	4 ~ 5	5
强	3 ~ 4	4
中—强	2 ~ 3	3
中	1 ~ 2	2
无—中	0 ~ 1	1
无	<0	0

背景值的选择是计算 I_{geo} 值的关键,不同的背景值会对计算结果造成较大的影响。本研究中采用黄河流域河南段土壤元素背景值作为计算所需的背景值,具体背景值见表 7-16。

表 7-16　背景值取值情况　（单位:g/g)

元素	背景值	元素	背景值
Pb	25.73	As	11.32
Cd	0.17	Hg	0.061
Cr	69.03		

2. 潜在生态危害指数法

1980 年,瑞典科学家 Hakanson 提出了潜在生态危害指数法,该方法不仅考虑了重金属含量,而且将重金属的生态效应、环境效应与毒理学联系在一起,具体公式如下:

$$C_r^i = \frac{C_i}{C_n^i} \tag{7-2}$$

$$E_r^i = T_r^i C_r^i \tag{7-3}$$

$$RI = \sum_{i=1}^{n} E_r^i = \sum_{i=1}^{n} (T_r^i C_r^i) \tag{7-4}$$

式中:C_r^i 为某一金属的污染参数;C_i 为沉积泥沙中污染物的实测含量;C_n^i 采用全球工业

化前沉积物中污染物含量最高背景值为参比值，但该值不易得到，故仍采用表7-16中的值；E_r^i 为潜在生态风险参数；T_r^i 为单污染物的毒性响应参数（Pb、Cd、Cr、As和Hg其毒性响应参数分别为5、30、2、10和40）；RI 为潜在生态风险参数（多因子生态风险参数）。潜在生态风险参数对应的风险等级为：$RI<65$ 时为低生态风险；$65\leqslant RI<130$ 时为中等生态风险；$130\leqslant RI<260$ 时为较高生态风险；$RI\geqslant 260$ 为极高生态风险。

3. 淤积泥沙重金属污染程度及潜在风险评价

根据小浪底库区淤积泥沙中重金属的含量（见表7-14），结合式（7-1）~式（7-4）、表7-16中的背景值以及重金属污染程度分类等级和潜在生态风险参数分类等级，对各断面各重金属元素的污染程度和潜在风险程度进行评价，具体评价结果见表7-17。

表7-17　小浪底库区各监测断面淤积泥沙重金属污染程度及潜在风险评价结果

样品编号	样品深度（m）	I_{geo} 评价污染等级					潜在风险评价结果（RI）
		Pb	Cd	Cr	As	Hg	
HH3 - 0.5	0.5	0	0	0	0	0	53
HH3 - 1.0	1.0	0	0	0	0	0	56
HH3 - 1.5	1.5	0	0	0	0	0	53
HH3 - 2.0	2.0	0	0	0	0	0	60
HH3 - 2.5	2.5	1	1	0	0	2	246
HH12 - 0.5	0.5	0	0	0	0	0	78
HH12 - 1.0	1.0	0	0	0	0	0	68
HH16 - 0.5	0.5	0	0	0	0	0	86
HH16 - 1.0	1.0	0	0	0	0	0	68
HH23 - 0.5	0.5	0	0	0	0	0	34
HH34 - 0.5	0.5	0	0	0	0	0	97
HH36 - 0.5	0.5	0	0	0	0	0	100
HH38 - 0.5	0.5	1	0	0	0	1	150
HH50 - 0.5	0.5	0	0	0	0	0	61
HH50 - 1.0	1.0	0	0	0	0	0	45
大峪 - 0.5	0.5	0	0	0	0	0	87
大峪 - 1.0	1.0	0	0	0	0	0	108

从表7-17中可以看出，只有HH3 - 2.5处的Pb、Cd、Hg和HH38 - 0.5处的Pb、Hg存在一定的污染，其中HH3 - 2.5处的Hg的污染程度最大，为中污染程度，其余各监测点均为无污染；根据潜在风险危害指数法评价结果可知，各监测点的风险程度为低生态风险—较高生态风险，其中大部分监测点处于中等风险程度，潜在风险评价结果最大值出现在HH3 - 2.5监测点，为246，处于较高生态风险程度；HH38断面的重金属元素Pb和Hg的

污染程度较高,分析其原因可能是,该断面的上游有较多的矿石冶炼厂、金属加工厂等企业,在生产的过程中会产生一定量的重金属元素,而部分重金属元素会通过面源或点源的形式进入黄河,造成该断面的污染程度较大。同时,从表7-17中可以看出,随着深度的增加,重金属污染程度和生态风险程度具有一定程度的增加,如HH3断面,但在HH12断面、HH16断面和HH50断面的生态风险程度则不符合该规律,需进一步开展相应的重金属迁移转化机理研究。

总之,小浪底库区大部分典型断面处于无污染状态,但是具有一定的生态风险,特别是深层淤积泥沙具有更大的污染程度和生态风险程度,在机械清淤或生态清淤时则需要考虑淤积泥沙重金属元素对生态环境的影响。

第 8 章　水库淤积泥沙干密度特性

8.1　淤积泥沙干密度理论

韩其为在《水库淤积》一书中，从干密度及固结密实度两个方面对水库淤积物特性进行了研究。

8.1.1　细颗粒淤积物的初期干密度

对于淤积物的初期干密度无确切的定义，一般认为应是刚淤下不流动的淤积物干密度，而不是流动的高含沙浑水的干密度。显然这些淤积物的特点是未经过固结压密，相邻颗粒薄膜水是没有接触的。如果颗粒分布均匀，颗粒间薄膜水不接触的临界条件，是它们间的间距 $2t = 2\delta_1$，如图 8-1 所示，此处 $\delta_1 = 4\times10^{-7}$ m 为薄膜水厚度。由于颗粒在淤积物空间中的分布常常是不均匀的，故仅 $t=\delta_1$ 时仍会有一部分颗粒的薄膜水接触。可见，对处于初期干密度的淤积物，可设此时颗粒间的最大间距 $t_M = 2\delta_1$ 作为薄膜水不接触的临界条件。而对于淤积物（或床沙），一般情况下，$2t$ 应理解成平均间距，此时 $t<\delta_1$。

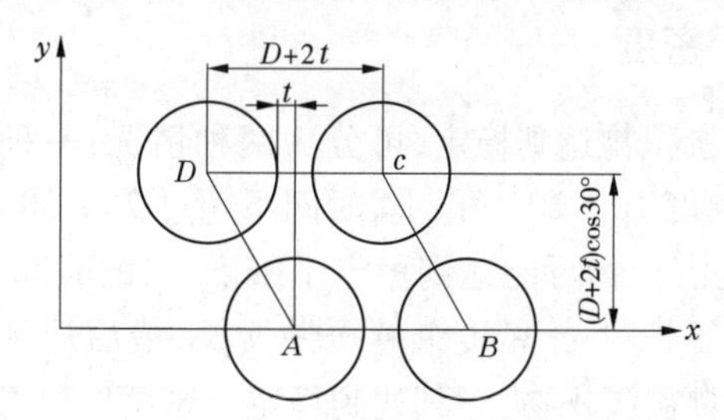

图 8-1　交错排列示意图

不仅 t 决定颗粒的密实情况，而且颗粒之间的排列对密实情况也有一定的影响。如果颗粒按一个方向重叠排列，则一个颗粒占有的长度为 $D+2t$；在一个方向交错排列，则一个颗粒占有的长度为 $(D+2t)\cos30°$。这样如有两个方向交错，一个方向重叠排列，则一个颗粒占有的体积为 $(D+2t)^3\cos^2 30°$，而它的密实体积为 $\frac{\pi}{6}D^3$，因而它的密实系数 μ 为

$$\mu = \frac{2\pi}{9}\left(\frac{D}{D+2t}\right)^3 = \mu'\left(\frac{D}{D+2t}\right)^3 \tag{8-1}$$

相反，一个方向交错，两个方向重叠排列时，则密实系数 μ 为

$$\mu = \frac{\pi}{3\sqrt{3}}\left(\frac{D}{D+2t}\right)^3 = \mu'\left(\frac{D}{D+2t}\right)^3 \tag{8-2}$$

三个方向重叠时，密实系数 μ 为

$$\mu = \frac{\pi}{6}\left(\frac{D}{D+2t}\right)^3 = \mu'\left(\frac{D}{D+2t}\right)^3 \tag{8-3}$$

由此可见,密实系数中的μ'与排列情况有关。由于这三种情况的μ'变化较窄,当t增加时,从最大值0.698至最小值0.523,可以采用一个插值公式描述其间的变化。根据相关资料分析,密实系数随t的减小而增加有下述经验关系:

$$\mu' = \begin{cases} \dfrac{\pi}{6} & (t \geqslant \delta_1) \\ \left[0.698 - 0.175\left(\dfrac{t}{\delta_1}\right)^{\frac{1}{3}\left(1-\frac{t}{\delta_1}\right)}\right] & (t \leqslant \delta_1) \end{cases} \tag{8-4}$$

可得颗粒的干密度为

$$\gamma' = \begin{cases} \dfrac{\pi}{6}\gamma_s\left(\dfrac{D}{D+2t}\right)^3 & (t \geqslant \delta_1) \\ \left[0.698 - 0.175\left(\dfrac{t}{\delta_1}\right)^{\frac{1}{3}\left(1-\frac{t}{\delta_1}\right)}\right]\gamma_s\left(\dfrac{D}{D+2t}\right)^3 & (t \leqslant \delta_1) \end{cases} \tag{8-5}$$

此式是一般条件下的淤积物干密度公式,因为t是变化的。

对于初期干密度,式(8-5)的颗粒之间的间距t应取为最大的,即$t = t_M = 2\delta_1$,从而式(8-5)中第一式可以转化为

$$\gamma'_0 = 0.523\gamma_s\left(\frac{D}{D+4\delta_1}\right)^3 \tag{8-6}$$

8.1.2　淤积物稳定干密度

从淤积密实情况看,淤积物达到稳定,可分为两种情况:一种是一般条件下水库淤积物或河道沉积物在一定厚度10~20 m以上,时间不超过20~30年,在水下可达到稳定干密度γ'_c,对于河道露出的沉积物可能达到稳定干密度γ'_c的时间短一些;另一种情况是当淤积厚度更厚,密实时间更长时,干密度继续缓慢增长,最后达到不能再密实的极限稳定干密度γ'_M。对于各种细颗粒淤积物,当其达到稳定干密度时颗粒间空隙很小,t的平均值约为1.5×10^{-7}m,即$t=0.375\delta_1$。此时干密度可用式(8-5)确定,可得

$$\gamma'_c = 0.555\gamma_s\left(\frac{D}{D+4\delta_1}\right)^3 \tag{8-7}$$

当淤积物进一步密实,颗粒排列会进一步紧凑,达到极限稳定干密度γ'_M。此时可取$t=0.125\delta_1=5\times10^{-8}$ m。而由式(8-5)可得:

$$\gamma'_M = 0.603\gamma_s\left(\frac{D}{D+0.25\delta_1}\right)^3 \tag{8-8}$$

8.2　泥沙样品干密度

根据三门峡库区和小浪底库区现场试验淤积泥沙检测结果,结合土样各粒径划分区间,给出砂粒、粉粒和黏粒各粒径范围对应的干密度范围,具体参数见表8-1。

表 8-1　干密度参数

项目		粒径大小(mm)			
		砂粒		粉粒	黏粒
		0.5～0.25	0.25～0.075	0.075～0.005	0.002～0.005
初期干密度(g/cm^3)	极限范围	1.38～1.40	1.32～1.38	0.61～1.32	0.24～0.61
稳定干密度(g/cm^3)	极限范围	1.49～1.50	1.48～1.49	1.26～1.48	0.99～1.26
极限稳定干密度(g/cm^3)	极限范围	1.63	1.62～1.63	1.54～1.62	1.41～1.54

8.2.1　三门峡库区淤积泥沙干密度垂向特性

利用淤积泥沙干密度计算公式,结合三门峡现场试验检测数据,以黄淤 4 断面、黄淤 8 断面和黄淤 22 断面为例,采用不同深度的中值粒径分别对其进行干密度计算,研究其干密度沿深度方向的变化趋势,为进一步分析三门峡水库泥沙淤积情况提供支撑。各断面不同干密度变化趋势如图 8-2～图 8-4 所示。

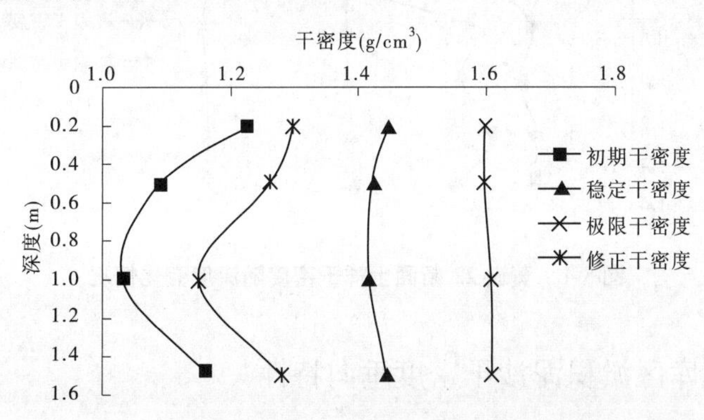

图 8-2　黄淤 4 断面土样干密度随深度变化情况

从图 8-2 可以看出,黄淤 4 断面各干密度(极限干密度除外)在深度 0.2～1.0 m,均随着深度的增加呈现减小的趋势;在深度 1.0 m 以下,随着深度的增加而呈现逐渐增大的趋势;考虑到取样器对样品的挤压作用,需对试验值进行修正(减小约 13%),试验修正值(修正干密度)处于初期干密度和稳定干密度之间,较为靠近初期干密度。

从图 8-3 可以看出,黄淤 8 断面各干密度在深度 0.2～0.5 m,均随着深度的增加呈现增大的趋势;在深度 0.5 m 以下,随着深度的增加干密度变化不明显,但试验修正值略有增加;试验修正值处于初期干密度和稳定干密度之间,较为靠近初期干密度。

从图 8-4 可以看出,黄淤 22 断面各干密度在深度 0.2 ~ 0.5 m(极限干密度除外),均随着深度增加有逐渐增大的趋势;在深度 0.5 ~ 1.5 m,均随着深度的增加总体上呈现减小的趋势;试验修正值处于初期干密度和极限干密度之间,部分监测点能够达到稳定干密度,且随着深度增加呈现先增加后减小的趋势。

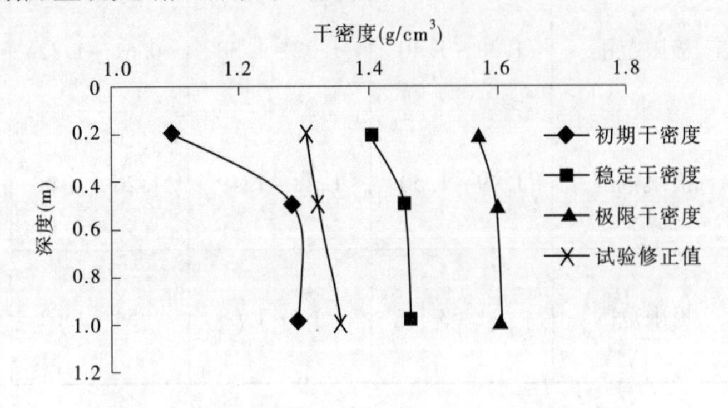

图 8-3　黄淤 8 断面土样干密度随深度变化情况

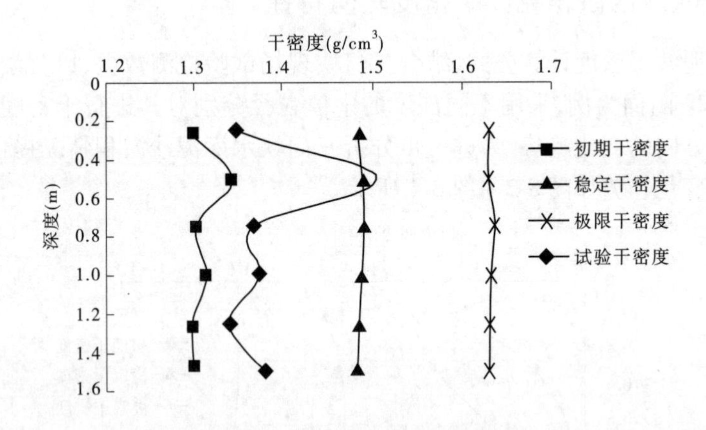

图 8-4　黄淤 22 断面土样干密度随深度变化情况

8.2.2　小浪底库区淤积泥沙干密度垂向特性

利用淤积泥沙干密度计算公式,结合小浪底库区现场试验监测数据,以 HH3 断面、HH12 断面、HH18 断面、HH23 断面和 HH36 断面为例,利用不同深度中值粒径分别对其淤积泥沙的干密度进行计算,研究其干密度沿深度方向的变化趋势,为进一步分析小浪底水库泥沙淤积情况和机械清淤提供支撑。各断面不同干密度变化趋势如图 8-5 ~ 图 8-9 所示。

从图 8-5 可以看出,HH3 断面各干密度在深度 0.5 m 以下,随着深度的增加而变化趋势不明显;试验修正值处于初期干密度和稳定干密度之间,其变化趋势与理论计算结果相一致。

从图 8-6 可以看出,HH12 断面各干密度在深度 0 ~ 1.0 m,均随着深度的增加呈现增大的趋势；在 1.0 ~ 2.0 m，均随着深度的增加呈现减小的趋势（试验修正值除外）；在深度 2.0 m 以下，随着深度的增加而变化趋势不明显；试验修正值处于初期干密度和稳定干密度之间，且更为接近初期干密度。

从图 8-7 可以看出，HH18 断面各干密度在深度 0.5 ~ 1.5 m，均随着深度的增加呈现增大的趋势；但稳定干密度、极限干密度和试验修正值随着深度的增加而变化趋势不明显，但稍有增大；试验修正值处于初期干密度和稳定干密度之间，且更为接近稳定干密度。

从图 8-8 可以看出，HH23 断面各干密度在深度 0 ~ 0.5 m（试验值未检测），均随着深度的增加呈现增加的趋势；在深度 0.5 m 以下，随着深度的增加而呈现略微增加，试验修正值的增加趋势相对明显；试验修正值处于初期干密度和稳定干密度之间，且更为靠近稳定干密度。

从图 8-9 可以看出，HH36 断面各干密度在深度 0.5m 以下，随着深度的增加而呈现略微增加，但增加趋势不明显；试验修正值处于初期干密度和稳定干密度之间，且更为接近稳定干密度。

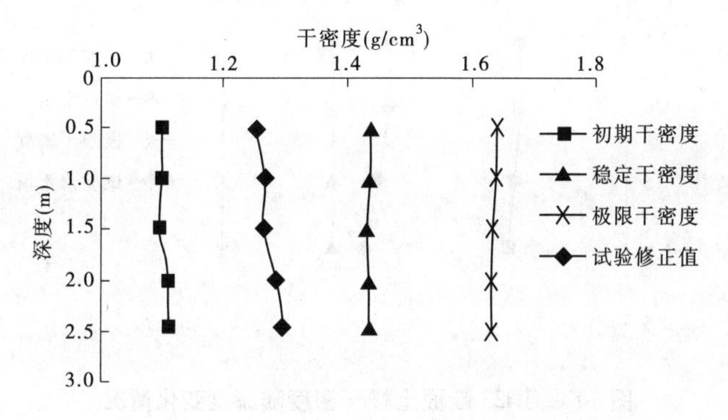

图 8-5　HH3 断面土样干密度随深度变化情况

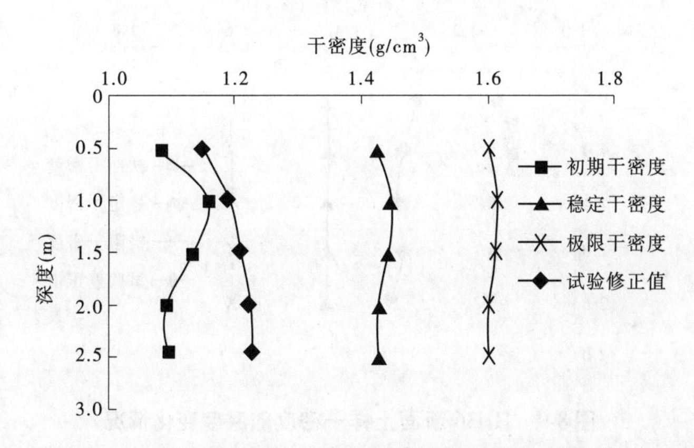

图 8-6　HH12 断面土样干密度随深度变化情况

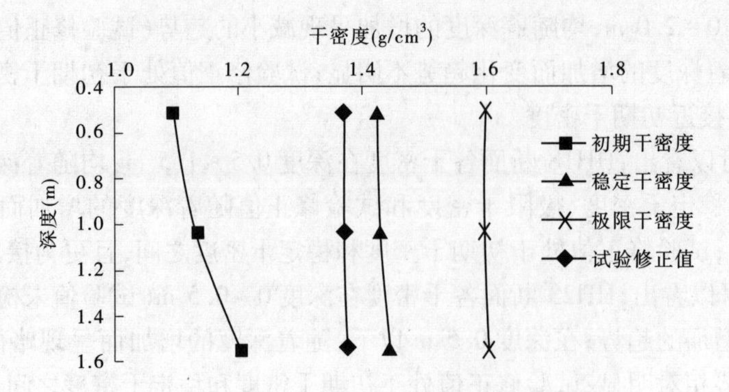

图 8-7　HH18 断面土样干密度随深度变化情况

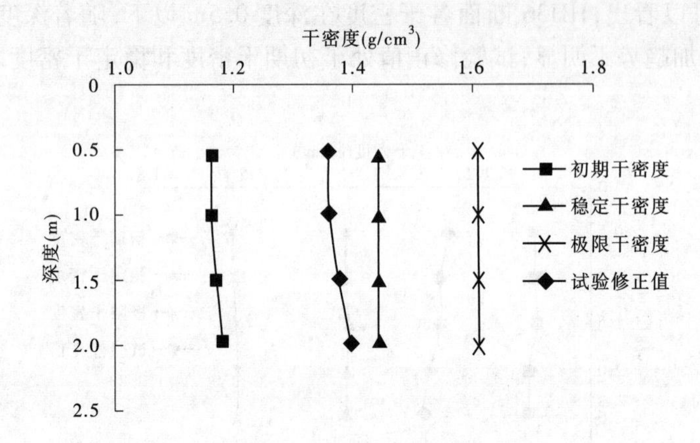

图 8-8　HH23 断面土样干密度随深度变化情况

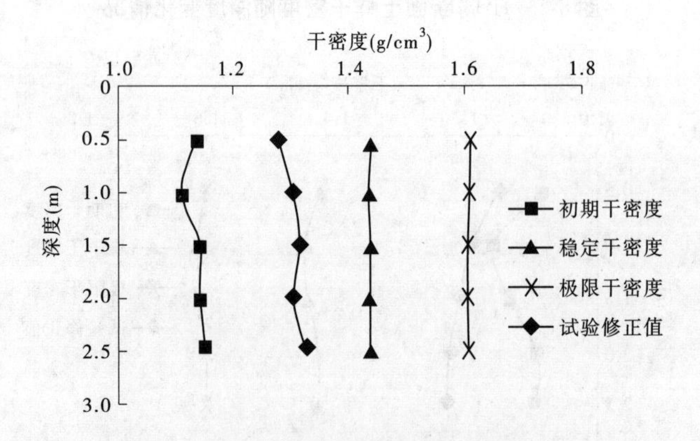

图 8-9　HH36 断面土样干密度随深度变化情况

8.3　泥沙样品固结试验

由于本研究中深水水库低扰动取样器取样深度的限制，不能获取更深层（3 m 以下）

的淤积泥沙样品，无法取得处于极限干密度的淤积泥沙样品（一般条件下水库或河道淤积泥沙厚度 10 ~ 20 m 以上，时间超过 20 ~ 30 年），因此通过固结试验确定淤积泥沙的极限干密度验证理论计算公式的可行性。

结合三门峡库区和小浪底库区所取样品固结试验数据，以黄淤 4 断面、黄淤 8 断面、黄淤 22 断面、HH3 断面、HH18 断面和 HH36 断面为例，采用 100 ~ 200 kPa 压力分别对其不同深度淤积泥沙的固结特性进行分析，研究固结干密度沿深度方向的变化趋势，为进一步掌握更深层泥沙淤积情况或更长时间泥沙的固结情况提供支撑。考虑到取样器对样品的挤压作用，需对干密度试验值进行修正（减小约 13%）。各断面干密度变化趋势如表 8-2、图 8-10 ~ 图 8-15 所示。

表 8-2　100 ~ 200 kPa 压力区间固结试验数据

断面号	取样深度（m）	样品试验前干密度（g/cm^3）	试验前干密度修正值（缩减 13%）	固结试验后干密度（g/cm^3）
黄淤 4 - 1 - 0.20	0.20	1.49	1.32	1.56
黄淤 4 - 1 - 0.50	0.50	1.38	1.22	1.60
黄淤 4 - 1 - 1.00	1.00	1.38	1.22	1.59
黄淤 4 - 1 - 1.50	1.50	1.47	1.30	1.56
黄淤 8 - 2 - 0.20	0.20	1.50	1.33	1.57
黄淤 8 - 2 - 0.50	0.50	1.52	1.35	1.57
黄淤 8 - 2 - 1.00	1.00	1.56	1.38	1.60
黄淤 22 - 2 - 0.25	0.25	1.55	1.35	1.61
黄淤 22 - 2 - 0.50	0.50	1.73	1.51	1.75
黄淤 22 - 2 - 0.75	0.75	1.57	1.37	1.63
黄淤 22 - 2 - 1.00	1.00	1.58	1.37	1.62
黄淤 22 - 2 - 1.25	1.25	1.54	1.34	1.61
黄淤 22 - 2 - 1.50	1.50	1.59	1.38	1.62
HH3 - 1 - 0.50	0.50	1.44	1.25	1.57
HH3 - 1 - 1.00	1.00	1.46	1.27	1.58
HH3 - 1 - 1.50	1.50	1.46	1.27	1.58
HH3 - 1 - 2.00	2.00	1.48	1.29	1.56
HH3 - 1 - 2.50	2.50	1.49	1.30	1.56
HH18 - 2 - 0.50	0.50	1.60	1.39	1.64
HH18 - 2 - 1.00	1.00	1.59	1.38	1.63
HH18 - 2 - 1.50	1.50	1.61	1.40	1.64
HH36 - 2 - 0.50	0.50	1.47	1.28	1.56
HH36 - 2 - 1.00	1.00	1.50	1.31	1.54
HH36 - 2 - 1.50	1.50	1.51	1.31	1.57
HH36 - 2 - 2.00	2.00	1.50	1.31	1.59
HH36 - 2 - 2.50	2.50	1.53	1.33	1.57

从表 8-2 和图 8-10 中可以看出，黄淤 4 断面固结试验后样品干密度为 1.56 ~ 1.60 g/cm^3；固结试验后土样的干密度要远大于未固结的干密度和稳定干密度计算值，且能够接近或达到土体的极限干密度计算值。

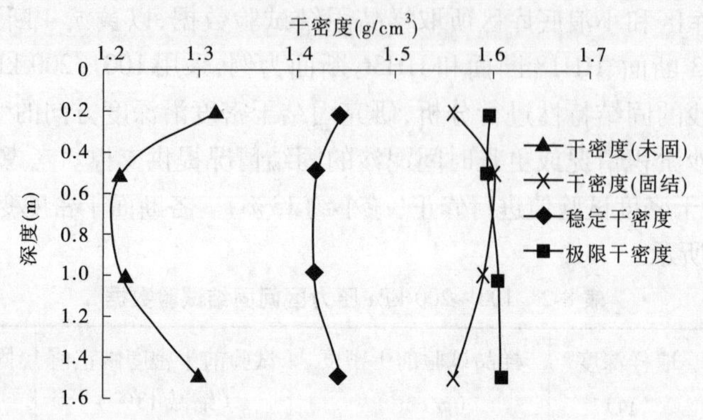

图 8-10　黄淤 4 断面淤积泥沙固结试验干密度随深度变化情况

从表 8-2 和图 8-11 中可以看出，黄淤 8 断面固结试验后样品干密度为 1.57 ~ 1.60 g/cm^3；固结试验后土样的干密度要远大于未固结的干密度和稳定干密度计算值，且能够非常接近或达到土体的极限干密度。

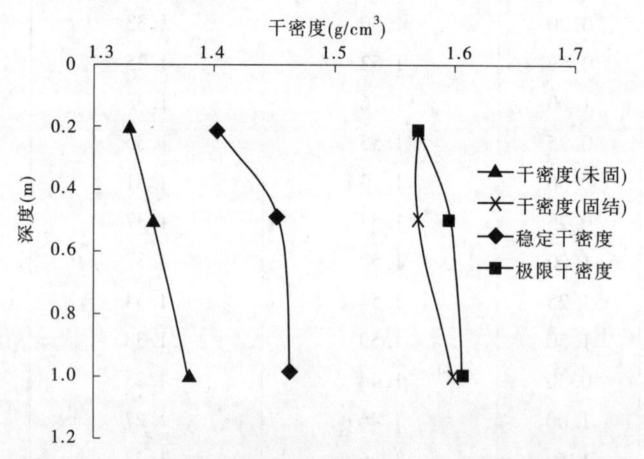

图 8-11　黄淤 8 断面淤积泥沙固结试验干密度随深度变化情况

从表 8-2 和图 8-12 中可以看出，黄淤 22 断面固结试验后样品干密度为 1.61 ~ 1.75 g/cm^3；固结试验后土样的干密度要远大于未固结的干密度和稳定干密度计算值，且能够非常接近或达到土体的极限干密度。

从表 8-2 和图 8-13 中可以看出，HH3 断面固结试验后样品干密度为 1.56 ~ 1.58 g/cm^3；固结试验后土样的干密度要远大于未固结的干密度和稳定干密度计算值，且能够非常接近土体的极限干密度。

从表 8-2 和图 8-14 中可以看出，HH18 断面固结试验后样品干密度为 1.63 ~ 1.64 g/cm^3；固结试验后土样的干密度要远大于未固结的干密度和稳定干密度计算值，且能够达到土体的极限干密度。

从表 8-2 和图 8-15 中可以看出，HH36 断面固结试验后样品干密度为 1.54 ~ 1.59

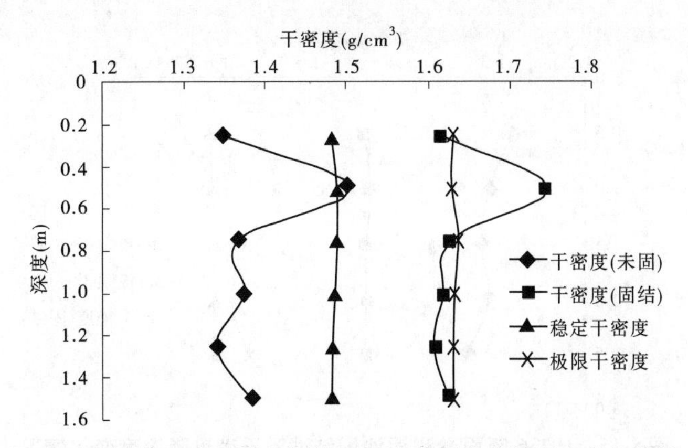

图 8-12　黄淤 22 断面淤积泥沙固结试验干密度随深度变化情况

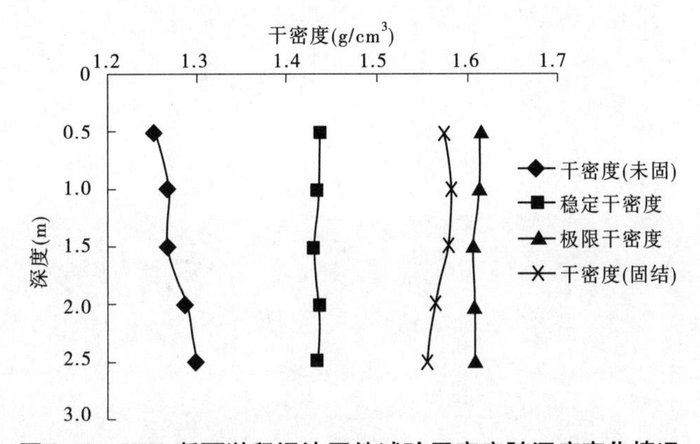

图 8-13　HH3 断面淤积泥沙固结试验干密度随深度变化情况

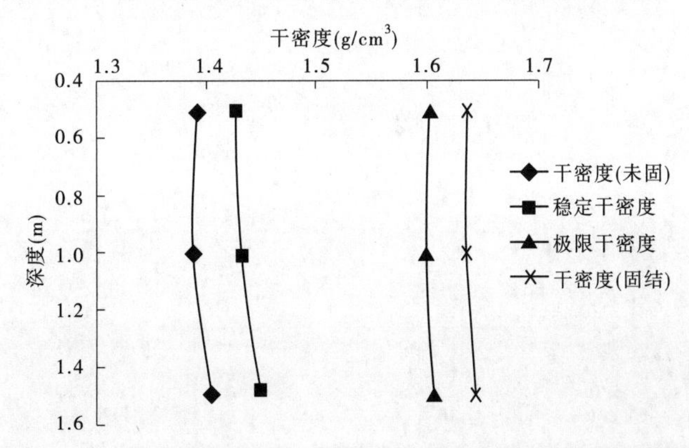

图 8-14　HH18 断面淤积泥沙固结试验干密度随深度变化情况

g/cm^3;固结试验后土样的干密度要远大于未固结的干密度和稳定干密度计算值,且能够非常接近土体的极限干密度。

通过试验发现,理论计算得到的极限干密度值与固结试验得到的固结干密度值比较接近,表明韩其为提出的干密度理论计算公式适用于本研究所获取的试验样品。

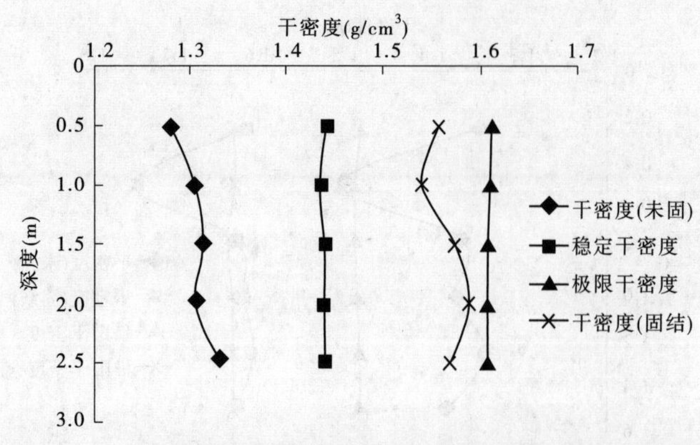

图 8-15　HH36 断面淤积泥沙固结试验干密度随深度变化情况

第 9 章　水库淤积层理

9.1　水文常规测验资料

9.1.1　三门峡库区河床质

表层取样选取黄河水利委员会水文局 2013 年 10 月的表层淤积泥沙取样测验数据，具体情况见表 9-1。

表 9-1　三门峡库区典型断面表层河床质泥沙粒径变化情况

取样断面位置	主槽中值粒径（mm）	大于等于某粒径泥沙含量（%）	
		主槽≥0.075 mm	主槽≥0.005 mm
黄淤 2	0.011	1.0	72.0
黄淤 8	0.011	1.0	70.0
黄淤 12	0.019	5.5	80.1
黄淤 15	0.008	1.0	64.3
黄淤 19	0.012	0.5	72.2
黄淤 22	0.037	18.3	91.8
黄淤 26	0.012	3.8	70.0

9.1.2　小浪底库区河床质

表层深度选取黄河水利委员会水文局 2013 年 10 月的表层淤积泥沙取样测验数据，具体情况见表 9-2。

表 9-2　小浪底库区典型断面表层淤积泥沙粒径情况

取样位置	中值粒径（mm）	泥沙含量（%）	
		≥0.075 mm	≥0.005 mm
HH2	0.004	0.2	44.1
HH4	0.006	0.1	59.1
HH10	0.010	0.3	71.0
HH12	0.016	1.0	82.5
HH16	0.005	0.4	48.5

续表 9-2

取样位置	中值粒径 (mm)	泥沙含量(%)	
		≥0. 075 mm	≥0. 005 mm
HH18	0. 005	0. 8	50. 0
HH22	0. 006	0. 5	54. 4
HH24	0. 005	0. 6	52. 1
HH34	0. 006	0. 5	53. 1
HH36	0. 009	1. 8	65. 0
HH48	0. 008	2. 1	63. 5
HH50	0. 010	3. 1	68. 1

9. 2　河床泥沙颗粒分层

选取三门峡库区、小浪底库区上中下游典型断面,取样得到深层淤积泥沙粒径沿深度变化情况如图 9-1 ~ 图 9-3、图 9-7 ~ 图 9-9 所示,泥沙粒径沿深度变化情况可以看出,同一断面位置沿深度方向,颗粒组成的变化并不是连续的,不同粒径沿深度变化情况复杂,粗细交替,这是由于水库周期性淤积导致了泥沙颗粒的分级,从而形成了不均匀的层次所致。

9. 2. 1　三门峡库区颗粒分层

选取三门峡库区典型断面进行土工试验分析,得到样品中值粒径沿深度方向变化情况,如图 9-1 ~ 图 9-3 所示。

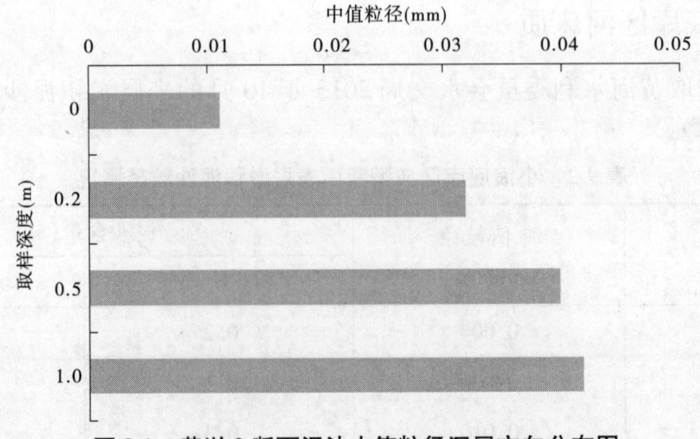

图 9-1　黄淤 2 断面泥沙中值粒径深层方向分布图

由图 9-1 可知,其表层泥沙中值粒径小于 0. 025 mm,深层取样泥沙中值粒径为 0. 03 ~ 0. 04 mm,小于 0. 05 mm,属于细沙。

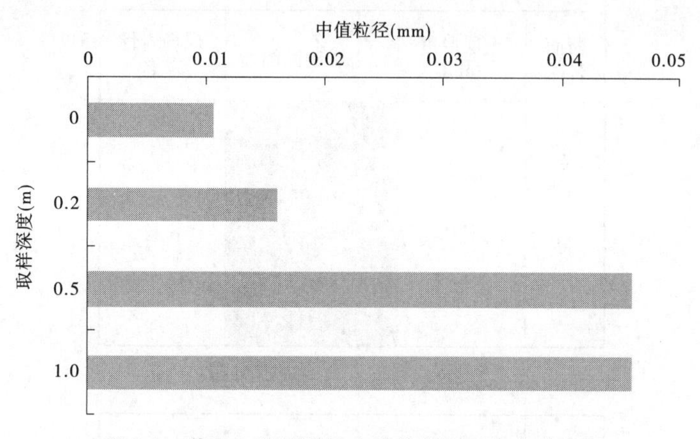

图9-2　黄淤8断面泥沙中值粒径深层方向分布图

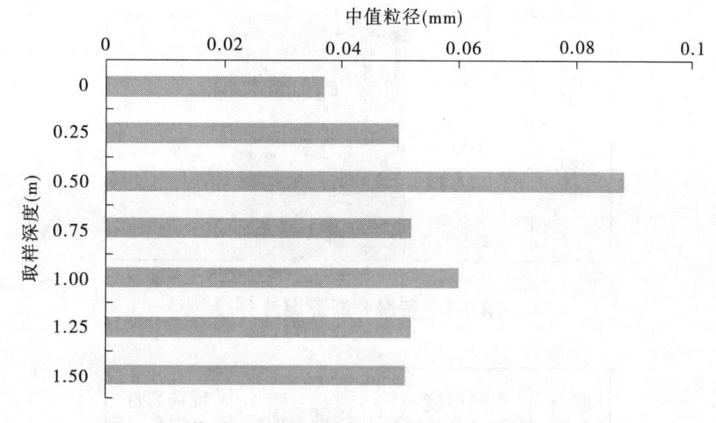

图9-3　黄淤22断面泥沙中值粒径深层方向分布图

由图9-2可知,其表层及浅层(取样深度0.2 m)泥沙中值粒径为0.01~0.02 mm,深层取样泥沙中值粒径为0.04~0.05 mm,小于0.05 mm,属于细沙。

由图9-3可知,其表层泥沙中值粒径小于0.04 mm,深层取样泥沙中值粒径为0.04~0.06 mm,属于细沙,其中取样深度为0.5 m的泥沙中值粒径大于0.08 mm。

通过对取样土的实地观察,以及后期试验数据分析,发现库区部分断面取样岩性存在着明显的分层现象,如黄淤2断面、黄淤8断面、黄淤22断面等。

黄淤2断面泥沙分层情况,如图9-4所示,取样深度1 m,取样点4处,河床物质主要为粉粒,含量为90%以上。

黄淤8断面泥沙分层情况,如图9-5所示,取样深度1 m,取样点4处,河床物质主要为粉粒,表层及浅层(取样深度0.25 m)粉粒含量70%左右,掺有20%左右黏粒,取样深度0.25 m以下粉粒含量为90%以上。

黄淤22断面泥沙分层情况,如图9-6所示,河床物质主要为粉粒、黏粒,取土土样按泥沙颗粒粒径可分为三层,表层为粉粒,含量为73%;中层为细沙,含量为56.4%;下层共取土样四处,粒径分类为粉粒,平均含量为74%。

断面名称	土层厚度(cm)	土层剖面图	现场岩性定名
黄淤2断面	100		粉粒

图 9-4　黄淤 2 断面泥沙分层

断面名称	土层厚度(cm)	土层剖面图	现场岩性定名
黄淤8断面	100		粉粒

图 9-5　黄淤 8 断面泥沙分层

断面名称	土层厚度(cm)	土层剖面图	现场岩性定名
黄淤22断面	50		粉粒
	20		细沙
	80		粉粒

图 9-6　黄淤 22 断面泥沙分层

9.2.2　小浪底库区颗粒分层

选取小浪底库区典型断面进行土工试验分析，得到样品中值粒径沿深度方向变化情况，如图 9-7 ~ 图 9-9 所示。

由图 9-7 可知，其表层泥沙中值粒径小于 0.005 mm，深层取样泥沙中值粒径为 0.015 ~ 0.02 mm，小于 0.025 mm，属于细沙。

由图 9-8 可知，其表层泥沙中值粒径小于 0.005 mm，深层取样泥沙中值粒径为 0.03 ~

0.04 mm,大于0.025 mm,小于0.05 mm,属于细沙。

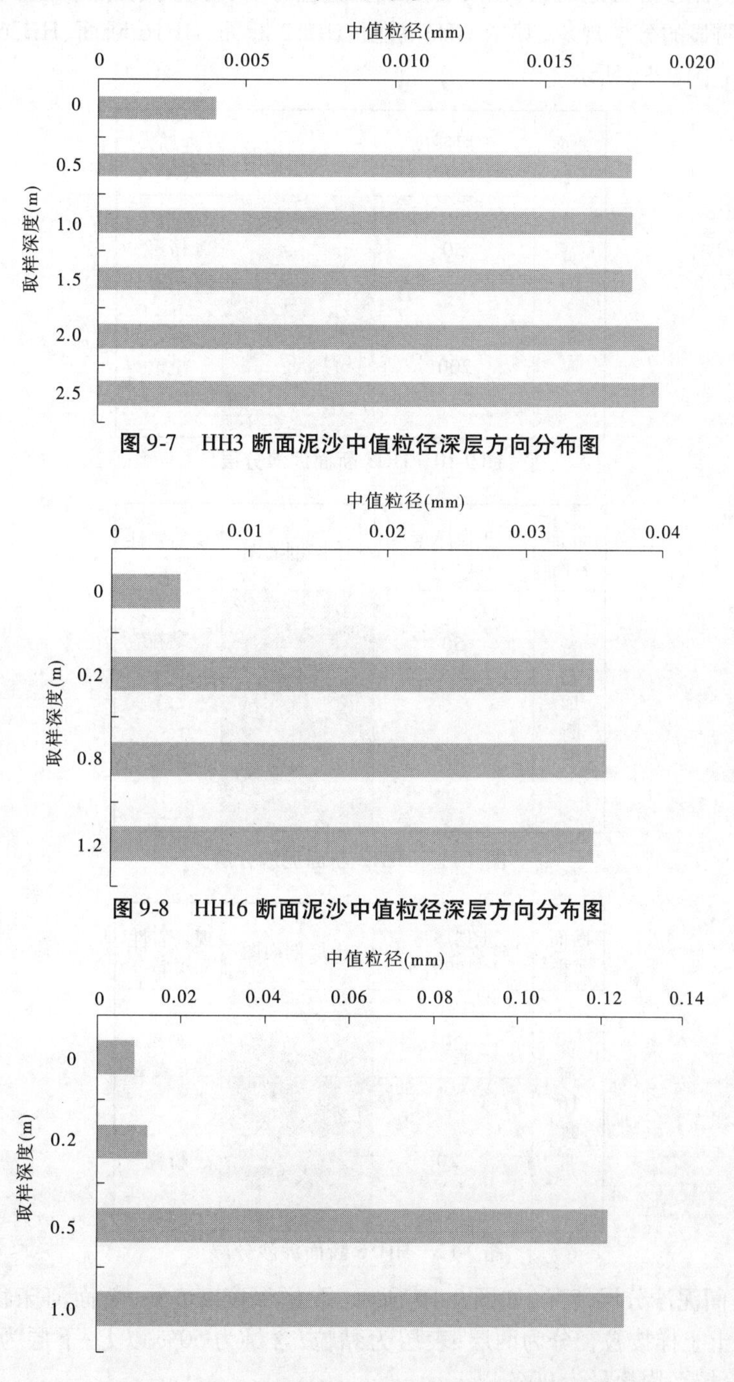

图9-7　HH3断面泥沙中值粒径深层方向分布图

图9-8　HH16断面泥沙中值粒径深层方向分布图

图9-9　HH36断面泥沙中值粒径深层方向分布图

由图9-9可知,其表层泥沙及浅层泥沙(取样深度0.2 m)中值粒径小于0.015 mm,深层取样泥沙中值粒径为0.12~0.13 mm,大于0.1 mm,属于粗沙。

通过取样泥沙的实地观察,以及后期试验数据分析,发现小浪底库区部分断面取样岩性也存在着明显的分层现象,其中 HH3 断面、HH12 断面、HH16 断面、HH36 断面分层现象如图 9-10 ~ 图 9-13 所示。

断面名称	土层厚度(cm)	土层剖面图	现场岩性定名
黄河3断面	50		黏粒
	200		粉粒

图 9-10　HH3 断面泥沙分层

断面名称	土层厚度(cm)	土层剖面图	现场岩性定名
黄河12断面	50		黏粒
	200		粉粒

图 9-11　HH12 断面泥沙分层

断面名称	土层厚度(cm)	土层剖面图	现场岩性定名
黄河16断面	20		黏粒
	120		粉粒

图 9-12　HH16 断面泥沙分层

HH3 断面泥沙分层情况,如图 9-10 所示,取样深度 2. 5 m,断面河床物质主要为粉粒、黏粒,取土土样按粒径分为两层,表层为黏粒,含量为 50% 以上;下层为粉粒,共取土样 4 处,分粉粒平均含量为 90% 以上。

根据河床物质取样分析结果,HH12 断面河床物质主要为粉粒、黏粒,由图 9-11 可知,取土土样按粒径分为两层,表层为黏粒,含量为 82. 5% ;下层为粉粒,共取土样四处,取土深度分别为 0. 5 m、1. 0 m、1. 5 m、2. 0 m、2. 5 m,粉粒平均含量为 90% 。

根据河床物质取样分析结果,HH16 断面河床物质主要为粉粒、黏粒,由图 9-12 可知,

断面名称	土层厚度(cm)	土层剖面图	现场岩性定名
黄河36断面	250		粉粒

图9-13　HH36断面泥沙分层

取土土样按粒径分为两层，表层为黏粒，含量为48.5%；下层为粉粒，共取土样三处，取土深度分别为0.2 m、0.6 m、1.2 m，粉粒平均含量为94%。

HH36断面泥沙分层情况如图9-13所示，取样深度2.5 m，取样点6处，河床物质主要为粉粒，含量为80%以上。

综合三门峡及小浪底库区河床泥沙颗粒分层情况：深层粒径由于受到取样管长度的限制，仅部分断面有明显分层现象，如黄淤22断面、HH16断面等，按照其泥沙颗粒组成进行分层时，沿深层方向泥沙颗粒组成分层明显，但泥沙粒径趋势的规律性不强，其分层特点与历年来水来沙量及周边地形环境等因素有关。

9.3　河床淤积泥沙力学特征分层

对土样分别进行直剪试验，采用ZJ－2型006号等应变直剪仪，分别给出了三门峡水库、小浪底水库典型断面摩擦角、黏聚力等参数沿深度变化情况。

9.3.1　三门峡库区力学特征分层

选取三门峡库区典型断面进行直剪试验分析，得到样品摩擦角、黏聚力沿深度方向变化情况，以黄淤4断面、黄淤8断面和黄淤22断面为例，如图9-14、图9-15所示。

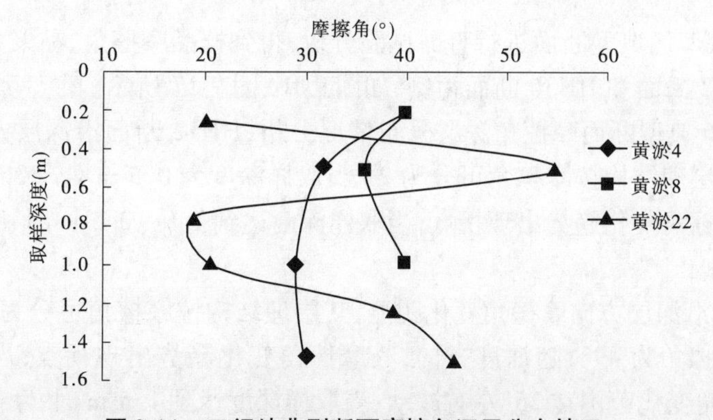

图9-14　三门峡典型断面摩擦角深层分布情况

根据图9-14典型断面摩擦角深层分布情况分析如下：

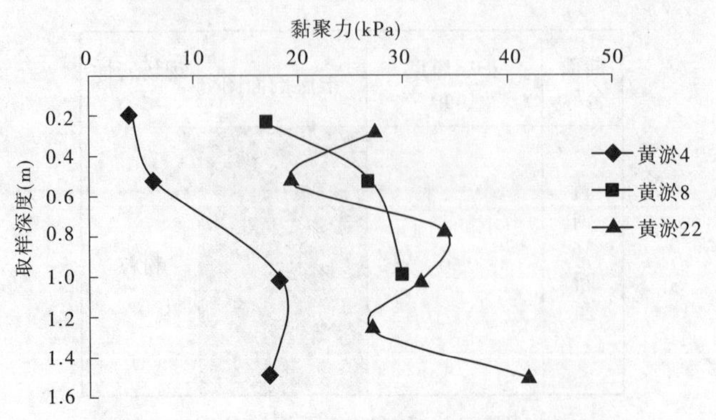

图 9-15　三门峡典型断面黏聚力深层分布情况

黄淤 4 断面沿深层方向摩擦角变化明显，其层理结构按摩擦角可分为 2 层，取样深度为 0.2 m 处，摩擦角为 39.9°；当取样深度达到 0.5 ~ 1.5 m 时，摩擦角在 30°左右波动。

黄淤 8 断面沿深层方向摩擦角变化较小，变化范围为 35° ~ 40°。

黄淤 22 断面沿深层方向摩擦角变化较大，其层理结构按摩擦角可分为 3 层，摩擦角在 20° ~ 54°范围内变化，取样深度为 0.5 m 处，摩擦角为 54°；当取样深度达到 1.0 m 时，摩擦角为 23°；取样深度为 1.4 m 处，摩擦角为 44°。

根据图 9-15，典型断面黏聚力深层分布情况分析如下：

黄淤 4 断面沿深层方向黏聚力变化明显，其层理结构按黏聚力可分为 2 层，取样深度为 0.2 ~ 0.5 m 处，黏聚力为 4 ~ 6 kPa，随深度方向，其黏聚力逐渐增大；当取样深度达到 1.0 ~ 1.4 m 时，黏聚力为 16 ~ 17 kPa。

黄淤 8 断面沿深层方向黏聚力变化波动明显，其层理结构按黏聚力可分为 2 层，取样深度为 0.3 m 处，黏聚力为 15.5 kPa；取样深度为 0.6 m、0.95 m 处，黏聚力为 25 kPa。

黄淤 22 断面沿深层方向黏聚力变化波动明显，其层理结构按黏聚力可分为 3 层，取样深度为 0.5 m 处，黏聚力为 18 kPa；取样深度为 1.0 m 处，黏聚力为 24.7 kPa；取样深度为 1.3 m 处，黏聚力为 34.6 kPa。

9.3.2　小浪底水库力学特征分层

选取小浪底库区典型断面进行直剪试验分析，得到样品摩擦角、黏聚力沿深度方向变化情况，以 HH12 断面和 HH36 断面为例，如图 9-16、图 9-17 所示。

根据图 9-16 典型断面摩擦角深层分布情况分析，HH12 断面沿深层方向摩擦角变化有较小波动，其层理结构按摩擦角可分为 2 层，取样深度为 0.5 m 处，摩擦角为 42.9°，随深度方向，其摩擦角变化趋势出现拐点；当取样深度达到 1.0 ~ 2.5 m 时，摩擦角变化范围在 34°左右波动。

HH36 断面沿深层方向摩擦角变化明显，其层理结构按摩擦角可分为 3 层，取样深度为 0.5 m 处，摩擦角为 49°，随深度方向，其摩擦角变化趋势出现拐点；当取样深度达到 1.0 m 时，摩擦角变化范围在 25°左右波动；当取样深度达到 1.5 m 时，摩擦角变化范围在 32°左右波动。

根据图 9-17 典型断面黏聚力深层分布情况分析，HH12 断面沿深层方向黏聚力变化

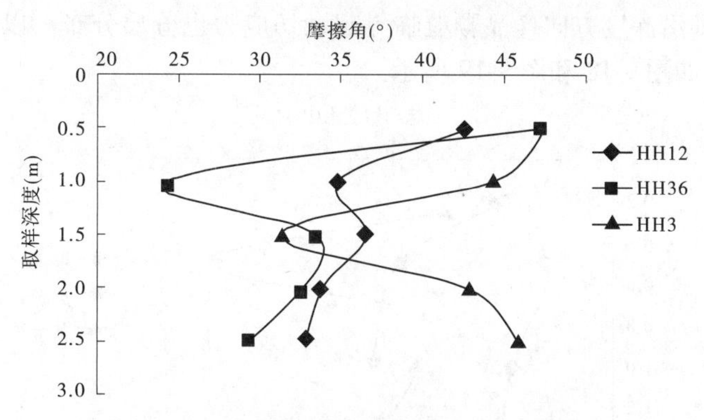

图9-16　小浪底典型断面摩擦角深层分布情况

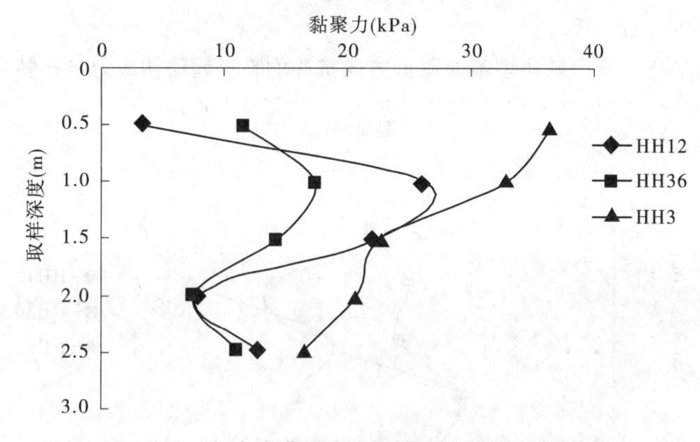

图9-17　小浪底典型断面黏聚力深层分布情况

波动明显，其层理结构按黏聚力可分为3层，取样深度为0.5 m处，黏聚力为3.3 kPa；取样深度为1～1.5 m处，黏聚力为25 kPa左右；取样深度为2.0～2.5 m处，黏聚力在10 kPa左右波动。

HH36断面沿深层方向黏聚力变化明显，其层理结构按黏聚力可分为2层，取样深度为0.5～1.5 m处，黏聚力在15 kPa左右波动；随深度方向，其黏聚力逐渐减小，当取样深度达到2.0～2.5 m时，黏聚力在7 kPa左右波动。

9.3.3　抗冲刷能力分层

本次试验所采集样本，均属于黏性泥沙（主要由粉沙和黏粒组成），在其起动过程中起稳定作用的主要是黏聚力。黏聚力大小与泥沙内部组成结构、外部淤积条件等因素有关。本文采用Sundborg提出的颗粒间静摩擦力和抗剪强度对泥沙起动的影响关系：

$$\tau_c = \frac{c_1 a_1}{c_2 a_2}(\rho_s - \rho) d_s \tan\theta + c_3 S_V \tag{9-1}$$

式中：S_V为泥沙的抗剪强度，与泥沙临界起动切应力τ_c单位相同；c_3为常数；θ为泥沙水下休止角；c_1为颗粒体积系数，$c_1 = \frac{v}{d_s^3}$；c_2为系数；$\frac{c_1 a_1}{c_2 a_2}$为临界起动拖曳力系数。

通过式(9-1)可以判断，泥沙层理的抗冲刷临界起动切应力大小与样本的摩擦系数及黏聚力成正比,即沿深度方向样品颗粒临界起动切应力也分层分布。以黄淤 4 断面和黄淤 22 断面为例,如图 9-18 和图 9-19 所示。

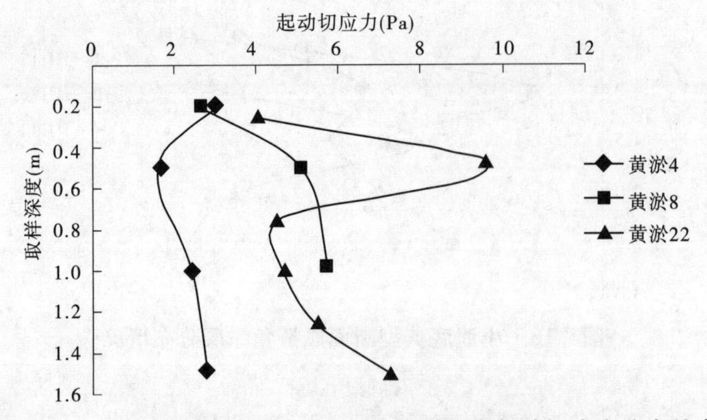

图 9-18　三门峡典型断面深度方向抗冲刷临界起动切应力分布特点

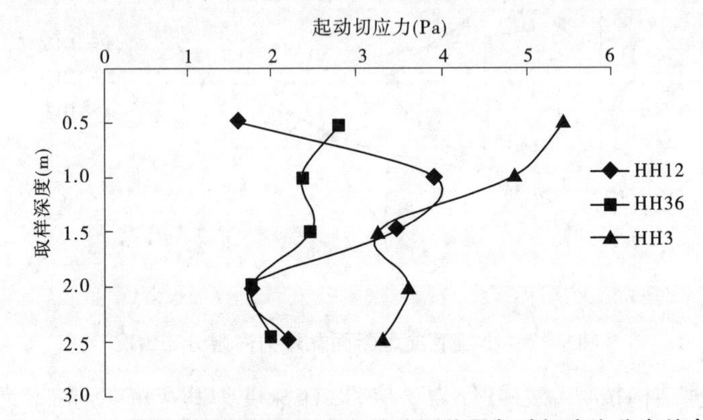

图 9-19　小浪底典型断面深度方向抗冲刷临界起动切应力分布特点

根据图 9-18,三门峡典型断面深度方向抗冲刷临界起动切应力分布特点如下:

黄淤 4 断面沿深层方向抗冲刷能力可分为 1 层,取样深度为 1.5 m 处,抗冲刷能力为 2.2 Pa 左右。

黄淤 8 断面沿深层方向抗冲刷能力可分为 1 层,取样深度为 1.0 m 处,抗冲刷能力为 2 ~6 Pa。

黄淤 22 断面沿深层方向抗冲刷能力分层明显,可分为 4 层,取样深度为 0.25 m,抗冲刷能力接近 4 Pa;取样深度为 0.5 m 处,抗冲刷能力接近 10 Pa;取样深度为 0.8 ~1.3 m 处,抗冲刷能力降至 4 Pa 左右;取样深度为 1.5 m 处,抗冲刷能力升至 7 Pa 左右。

根据图 9-19 分析小浪底典型断面深度方向抗冲刷临界起动切应力分布特点如下:

HH3 断面沿深层方向抗冲刷能力分层明显,可分为 2 层,取样深度为 0.5 ~1.0 m 处,抗冲刷能力在 5 Pa 左右波动;取样深度为 1.5 ~2.5 m 处,抗冲刷能力在 3.5 Pa 左右波动。

HH12 断面沿深层方向抗冲刷能力分层明显,可分为 3 层,取样深度为 0.5 m 处,抗冲刷能力为 1.5 Pa;取样深度为 1.0 ~1.5 m 处,抗冲刷能力在 3.5 Pa 左右波动;取样深度为 2.0 ~2.5 m 处,抗冲刷能力在 2 Pa 左右波动。

HH36 断面沿深层方向抗冲刷能力可分为1层，取样深度为2.5 m，抗冲刷能力在2～3 Pa之间波动。

综合三门峡及小浪底库区河床泥沙力学特征发现：受取样器取样深度限制，所得样品中，部分断面存在泥沙力学特征分层现象；受来水来沙量控制，各断面泥沙分层情况也不尽相同；引用抗冲刷临界起动切应力公式，发现淤积泥沙沿深度的方向抗冲刷能力各不相同，由于土体类型及物理性状的不同，其抗冲刷能力有较大差异，有明显分层特点。因此，建议在计算河床抗冲刷能力时更应考虑泥沙分层特性。

9.3.4　泥沙起动流速分析

鉴于流速场和剪力场之间存在着一定关系，更多学者为便于实用，不关心泥沙的起动拖曳力而热衷于推求起动流速。例如，在动力平衡方程式中着重考虑水流作用力与泥沙重力对起动的影响，再以小于某粒径的泥沙占沙样重量百分比90%的粒径 D_{90} 的若干倍代表河床粗糙高度（可称为河床糙度），苏联学者岗恰洛夫1962年给出了如下粗颗粒泥沙起动流速公式：

$$\frac{v_c}{\sqrt{\frac{\gamma_s-\gamma}{\gamma}gD}} = 1.061g\frac{8.8h}{D_{90}} \tag{9-2}$$

式中：v_c 为起动流速；h 为水深；D 为粒径；γ 为水流容重；γ_s 为泥沙容重。

对于细颗粒泥沙的起动流速，我国老一代学者对黏性沙的特殊受力开展了卓越的研究，其中窦国仁公式、张瑞瑾公式、唐存本公式、沙玉清公式等都有很大的影响。这些公式是在当时历史背景下短短几年内完成的，共同成为我国泥沙研究居于国际领先水平的标志性成果。例如，窦国仁1958年在苏联科学院物理化学研究所开展交叉石英丝试验，通过变更石英丝所受的静水压力，证明压力水头对细颗粒受力的影响（称为附加下压力或水柱压力），并在1960年的博士学位论文中建立适用于浅水的泥沙起动流速公式。公式推导过程中由于采用“底流速与平均流速值之比值为一常数”的假设，因而没有反映出河流摩阻特性的影响。张瑞瑾1961年认为细颗粒起动时受黏聚力的影响，尤其认为该黏聚力还包含水柱及大气压力所传递的那部分作用，同样考虑水流动力对颗粒的作用，并利用实测资料对系数与指数率定所得既适用于散粒体又适用于黏性细颗粒泥沙的统一起动流速公式为

$$v_c = 1.34\left(\frac{h}{D}\right)^{0.14}\left[\frac{\gamma_s-\gamma}{\gamma}gD + 0.000\,000\,336\left(\frac{10+h}{D^{0.72}}\right)\right]^{0.5} \tag{9-3}$$

式中：γ 为水流容重；γ_s 为泥沙容重。

1963年唐存本考虑黏性淤积物干容重大小对起动流速有重要影响，只考虑细颗粒表面与黏结水之间分子引力造成的黏聚力的作用，即得出可概括散粒体和黏性细颗粒泥沙的统一起动流速公式：

$$v_c = 1.79\frac{1}{1+m}\left(\frac{h}{D}\right)^m\left[\frac{\gamma_s-\gamma}{\gamma}gD + \left(\frac{\gamma'}{\gamma'_c}\right)^{10}\frac{c}{\rho D}\right]^{0.5} \tag{9-4}$$

式中：γ' 为淤积物的干容重；γ'_c 为淤积物的稳定干容重，其值约1.6 g/cm^3；c 为系数，由具

有稳定干容重的淤泥起动流速资料求得 $c = 0.906 \times 10^{-4}$ g/cm；m 为指数，对于一般天然河道，$m = 1/6$。

1965 年沙玉清考虑薄膜水接触引起的黏聚力及孔隙率，利用动力平衡方程式和实测资料，最后得出了能概括粗细颗粒的起动流速公式：

$$v_c = \sqrt{\frac{\gamma_s - \gamma}{\gamma} g D h^{\frac{1}{5}} \left[266\left(\frac{\delta}{d}\right)^{\frac{1}{4}} + 6.66 \times 10^9 (0.7 - \varepsilon)^4 \left(\frac{\delta}{D}\right)^2 \right]^{0.5}} \tag{9-5}$$

式中：δ 为薄膜水厚度，取为 0.000 1 mm；ε 为孔隙率，其稳定值约为 0.4。

韩其为 1982 年根据泥沙运动统计理论，讨论了泥沙起动标准，阐述和验证了泥沙起动的统计规律，经过考虑薄膜水引起的附加下压力等作为临界起动受力条件，对有关参数进行假定处理后，给出了泥沙起动底速的初步表达式。为进行底速和平均流速的换算，引入苏联学者给出的水流底速试验关系：

$$v_c = K \times 6.5 \left(\frac{h}{D}\right)^{\frac{1}{4 + \lg\frac{h}{D}}} \left[53.9D + \frac{3 \times 10^7}{D}(1 + 0.85h) \right]^{0.5} \tag{9-6}$$

式中：K 为系数，采用常见的水槽资料，由试算确定出 $K = 0.116$；由长江宜昌和沙道观水文站推移质输沙率资料，由试算确定出 $K = 0.144$（后来又调整为 0.147）。

张红武、卜海磊 2011 年进一步考虑到附加下压水引起的力对黏性细颗粒起动的影响，吸收我国学者各家典型公式的优点，对初期公式加以完善，最后给出起动流速新公式如下：

$$v_c = 1.21 K_s \times \left(\frac{h}{D}\right)^{0.2} \left[\frac{\gamma_s - \gamma}{\gamma} g D + 2.88 \left(\frac{\gamma_s - \gamma}{\gamma} g\right)^{0.44} \left(\frac{\gamma'}{\gamma'_c}\right)^{6.6} \frac{v^{1.11}}{D^{0.67}} + \frac{0.000\,256 \left(\frac{\gamma'}{\gamma'_c}\right)^{2.5} g (h_0 + h) \delta \left(\frac{\delta}{D}\right)^{0.5}}{D} \right]^{0.5} \tag{9-7}$$

式中：h_0 为同大气压力相应的参考水深，按张瑞瑾的处理，取为 10 m；δ 系按照窦国仁交叉石英丝试验成果取为 0.213×10^{-4} cm；K_s 为床面粗糙高度，对于平整河床，当 $D \leqslant 0.5$ mm 时，$K_s = 0.5$ mm，当 $D > 0.5$ mm 时，$K_s = D$。

根据前文泥沙实测资料，引入上述起动流速公式，得到沿深度方向泥沙起动流速值，如表 9-3 所示。

表 9-3　各断面淤积泥沙起动流速计算值（水深 12.3 m）　　（单位：m/s）

断面	水深(m)	粒径(mm)	淤积深度(m)	张瑞瑾公式	唐存本公式	张红武、卜海磊公式
黄淤 4	12.3	0.037	0.2	0.86	0.29	1.37
黄淤 4	12.3	0.018	0.5	1.25	0.32	0.65
黄淤 4	12.3	0.014	1.0	1.44	0.24	0.39
黄淤 4	12.3	0.024	1.5	1.12	0.34	0.94
黄淤 8	13.5	0.016	0.2	1.36	0.45	0.71
黄淤 8	13.5	0.046	0.5	0.81	0.29	1.74

续表 9-3

断面	水深(m)	粒径(mm)	淤积深度(m)	张瑞瑾公式	唐存本公式	张红武、卜海磊公式
黄淤 8	13.5	0.046	1.0	0.83	0.30	1.81
黄淤 22	9.4	0.050	0.25	0.67	0.25	1.71
黄淤 22	9.4	0.088	0.5	0.51	0.23	3.01
黄淤 22	9.4	0.052	0.75	0.67	0.25	1.79
黄淤 22	9.4	0.060	1.0	0.63	0.25	2.11
黄淤 22	9.4	0.052	1.25	0.68	0.25	1.74
HH3	41.2	0.018	0.5	2.22	0.42	0.85
HH3	41.2	0.018	1.0	2.23	0.43	0.88
HH3	41.2	0.018	1.5	2.25	0.44	0.88
HH3	41.2	0.019	2.0	2.20	0.48	1.01
HH3	41.2	0.019	2.5	2.22	0.50	1.03
HH18	40.3	0.018	0.5	2.19	0.57	1.06
HH18	40.3	0.021	1.0	2.04	0.52	1.19
HH18	40.3	0.03	1.5	1.72	0.46	1.63
HH36	29.6	0.021	0.5	1.73	0.42	0.98
HH36	29.6	0.019	1.0	1.83	0.52	1.01
HH36	29.6	0.022	1.5	1.72	0.46	1.10
HH36	29.6	0.022	2.0	1.73	0.42	1.03
HH36	29.6	0.023	2.5	1.71	0.48	1.20

根据表 9-3，绘制三门峡库区黄淤 4 断面深度方向淤积泥沙起动流速分布图，如图 9-20 所示。由图可知，沿深度方向，淤积泥沙起动流速有较大变化。张瑞瑾及张红武公式显示，由于泥沙固结程度以及泥沙粒径影响，起动流速值有较大波动，淤积泥沙有分层现象。

根据表 9-3，绘制三门峡库区黄淤 8 断面深度方向淤积泥沙起动流速分布图，如图 9-21所示。由图可知，沿深度方向，淤积泥沙起动流速有较大变化。张瑞瑾、唐存本及张红武公式都显示，由于泥沙固结程度以及泥沙粒径影响，起动流速值有较大波动，淤积泥沙有分层现象。

根据表 9-3，绘制三门峡库区黄淤 22 断面深度方向淤积泥沙起动流速分布图，如图 9-22所示。由图可知，沿深度方向，淤积泥沙起动流速有较大变化。张瑞瑾及张红武公式显示，由于泥沙固结程度以及泥沙粒径影响，起动流速值有较大波动，淤积泥沙有分层现象。

根据表 9-3，绘制小浪底库区 HH3 断面深度方向淤积泥沙起动流速分布图，如图 9-23所示。由图可知，沿深度方向，淤积泥沙起动流速变化不大。唐存本公式、张瑞瑾

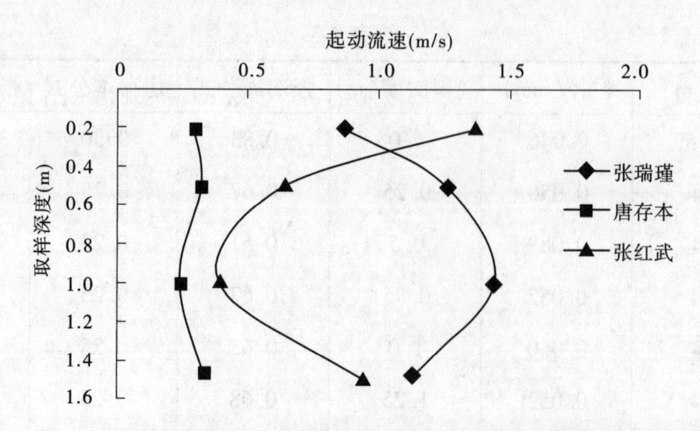

图 9-20　三门峡库区黄淤 4 断面深度方向淤积泥沙起动流速分布特点

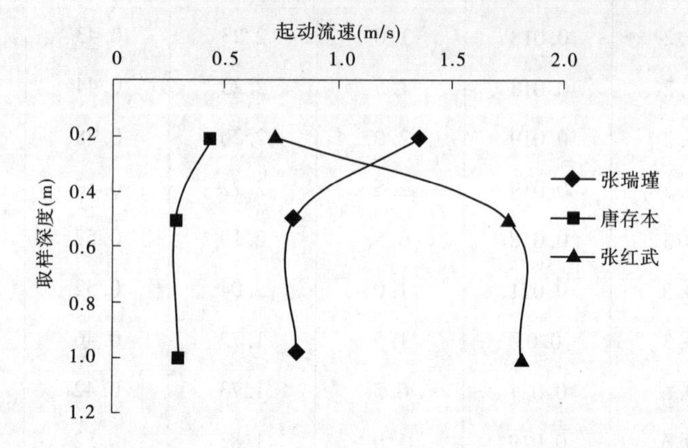

图 9-21　三门峡库区黄淤 8 断面深度方向淤积泥沙起动流速分布特点

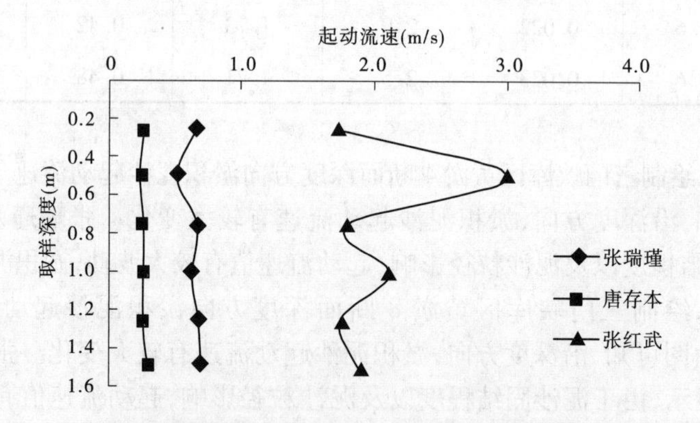

图 9-22　三门峡库区黄淤 22 断面深度方向淤积泥沙起动流速分布特点

及张红武公式显示，由于泥沙固结程度以及泥沙粒径变化不大，淤积泥沙起动流速值沿深度方向波动较小，淤积泥沙无分层现象。

根据表 9-3，绘制小浪底库区 HH18 断面深度方向淤积泥沙起动流速分布图，如图 9-24所示。由图可知，沿深度方向，淤积泥沙起动流速变化较大。张瑞瑾及张红武公式显示，由于泥沙固结程度以及泥沙粒径变化引起泥沙起动流速变化较大，有分层现象。

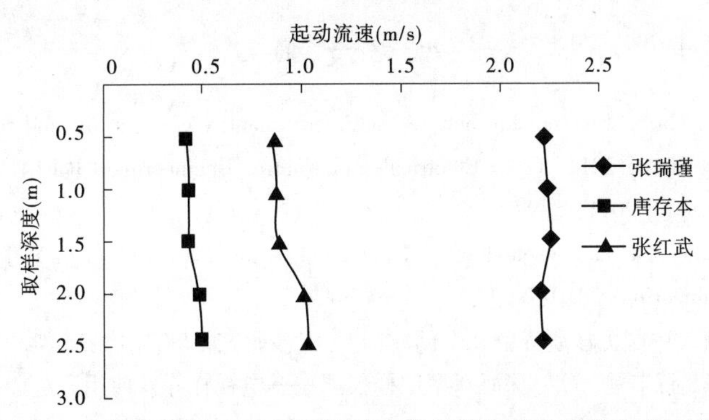

图9-23 小浪底库区HH3断面深度方向淤积泥沙起动流速分布特点

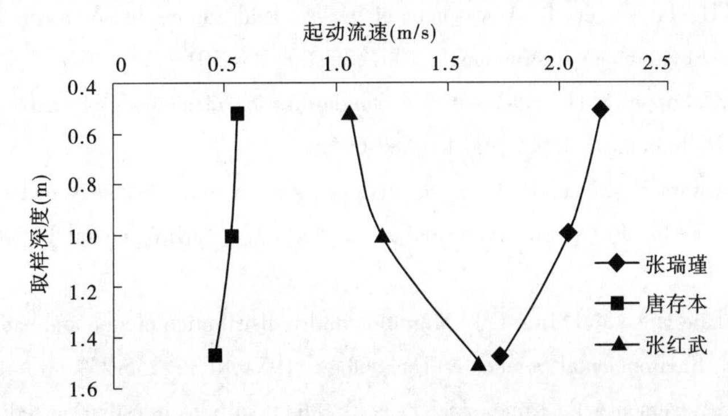

图9-24 小浪底库区HH18断面深度方向淤积泥沙起动流速分布特点

根据表9-3,绘制小浪底库区HH36断面深度方向淤积泥沙起动流速分布图,如图9-25所示。由图可知,沿深度方向,淤积泥沙起动流速变化不大。唐存本公式、张瑞瑾及张红武公式显示,由于泥沙固结程度以及泥沙粒径变化引起泥沙起动流速变化波动。

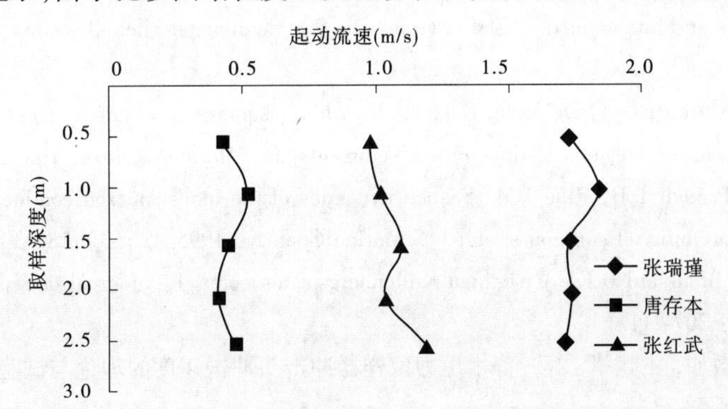

图9-25 小浪底库区HH36断面深度方向淤积泥沙起动流速分布特点

参考文献

[1] Zhao L, Jiang E, Gu S. Relationship between sediment quantity of scour-silt and runoff and sediment in the lower Yellow River, 2011[C]//Electrical and Control Engineering (ICECE), 2011 International Conference on. IEEE, 2011: 5397-5400.

[2] Jiang E, Li J, Cao Y, et al. Research on mechanism of bottom tearing scour in Yellow River[J]. Journal of Hydraulic Engineering, 2010(2):9.

[3] 王兆印, 林秉南. 中国泥沙研究的几个问题[J]. 泥沙研究, 2003(4):73-81.

[4] 程振波, 吴永华, 石丰登, 等. 深海新型取样仪器——电视抓斗及使用方法[J]. 海岸工程, 2011, 30(1):51-54.

[5] Sin S N, Chua H, Lo W, et al. Assessment of heavy metal cations in sediments of Shing Mun River, Hong Kong[J]. Environment International, 2001,26(5):297-301.

[6] De Groot A J, Zschuppel K H, Salomons W. Standardization of methods of analysis for heavy metals in sediments[J]. Hydrobiologia, 1982,91(1):689-695.

[7] Soares H, Boaventura R, Machado A, et al. Sediments as monitors of heavy metal contamination in the Ave river basin (Portugal): multivariate analysis of data[J]. Environmental Pollution, 1999,105(3): 311-323.

[8] Holmes C W, Slade E A, McLerran C J. Migration and redistribution of zinc and cadmium in marine estuarine system[J]. Environmental Science & Technology, 1974,8(3):255-259.

[9] Luther III G W, Meyerson A L, Krajewski J J, et al. Metal sulfides in estuarine sediments[J]. Journal of Sedimentary Research, 1980,50(4): 1117-1120.

[10] Kuehl S A, DeMaster D J, Nittrouer C A. Nature of sediment accumulation on the Amazon continental shelf[J]. Continental Shelf Research, 1986,6(1):209-225.

[11] Kuehl S A, Nittrouer C A, Allison M A, et al. Sediment deposition, accumulation, and seabed dynamics in an energetic fine-grained coastal environment[J]. Continental Shelf Research, 1996,16(5):787-815.

[12] Kuehl S A, Nittrouer C A, DeMaster D J, et al. A long, square-barrel gravity corer for sedimentological and geochemical investigation of fine-grained sediments[J]. Marine Geology, 1985,62(3):365-370.

[13] Kuehl S A, Pacioni T D, Rine J M. Seabed dynamics of the inner Amazon continental shelf: temporal and spatial variability of surficial strata[J]. Marine Geology, 1995,125(3):283-302.

[14] Emery G R, Broussard D E. A modified Kullenberg piston corer[J]. Journal of Sedimentary Research, 1954,24(3): 207-211.

[15] 秦华伟, 朱敬如, 王建军, 等. 静水压力取样器冲击头冲击速度的理论与试验研究[J]. 海洋工程, 2013(2):68-73.

[16] 李世伦, 程毅, 秦华伟, 等. 重力活塞式天然气水合物保真取样器的研制[J]. 浙江大学学报(工学版), 2006(5):888-892.

[17] 程毅, 李世伦, 秦华伟, 等. 液压技术在一种深海勘探设备中的应用[J]. 液压与气动, 2005(5): 48-50.

[18] 王建军. 深海静水压力驱动沉积物取样技术研究[D]. 杭州: 浙江大学, 2013.

[19] 陈如海. 污染液在地基土体中迁移及控制研究[D]. 杭州: 浙江大学, 2011.

[20] 秦华伟. 海底表层样品低扰动取样原理及保真技术研究[D]. 杭州: 浙江大学, 2005.

[21] Xu J, Wang Y, Yin J, et al. New series of corers for taking undisturbed vertical samples of soft bottom sediments[J]. Marine Environmental Research, 2011,71(4):312-316.

[22] 刘健，滕华妹，徐文霞．重力型芯型底泥采样器的基本结构与使用方法[J]．环境污染与防治，1998(3):45-46.

[23] 窦斌，朱云丽，蒋国盛，等．天然气水合物保真取样系统设计的理论基础[J]．地质与勘探，2004,40(1):86-88.

[24] 张凌，蒋国盛，宁伏龙，等．天然气水合物保真取心装置内部密封技术分析[J]．现代地质，2009(6):1147-1152.

[25] Tang A, Liu R, Ling M, et al. Distribution Characteristics and Controlling Factors of Soluble Heavy Metals in the Yellow River Estuary and Adjacent Sea[J]. Procedia Environmental Sciences, 2010(2):1193-1198.

[26] 鄢泰宁，补家武．浅析国外海底取样技术的现状及发展趋势:海底取样技术介绍之一[J]．地质科技情报，2000,19(2):67-70.

[27] Reinhardt E G, Nairn R B, Lopez G. Recovery estimates for the Rio Cruces after the May 1960 Chilean earthquake[J]. Marine Geology, 2010,269(1):18-33.

[28] 臧启运，韩贻兵，徐孝诗．重力活塞取样器取样技术研究[J]．海洋技术，1999(2):57-62.

[29] Hosoya T, Ishii Y, Kubo S, et al. Vibrocorer, its superior operation and characteristics[C], 1985. IEEE, 1985.

[30] JonassonK. Haamer vibrocorer and its affect on the geotechnical properties of cohesive sediments in gothenburg harbor, Sweden[J]. 1976,1(3):233-257.

[31] W Pierce J, D Howard J. An Inexpensive Portable Vibrocorer for Sampling Unconsolidated Sands: NOTES[J]. 1969,39(1):385-390.

[32] P Schneider, J Wyllie S. An efficient vibrocoring system for collecting coastal sediments: a comparison with other techniques: Coastal Engineering: Climate for Change; Proceedings of 10th Australasian Conference on Coastal and Ocean Engineering[C], Hamilton, New Zealand, 1991. Water Quality Centre, DSIR Marine and Freshwater.

[33] 赵建康，彭新明．新型轻便海底取样钻机可行性探讨[J]．西部探矿工程，2002(4):94-95.

[34] 补家武，李吉春，鄢泰宁，等．YHZ-1型遥控振动式海底取样钻机[J]．探矿工程(岩土钻掘工程),2001(6):26-28.

[35] 补家武，鄢泰宁，周蒂，等．SSZ-1型双管双簧海底振动取心钻具[J]．探矿工程(岩土钻掘工程)，2001(1):19-20.

[36] Casagrande A. The structure of clay and its importance in foun-dation engineering[J]. Boston Society Civil Engineers Journal, 1932,19(4):168-209.

[37] J, Hvorslev M. Subsurface Exploration and Sampling of Soil for Civil Engineer Purposes[J]. Mississip: Vicksburg, 1949.

[38] Butterfield R, K Banerjee P. Application of electroosmosis to soils[J]. Civil Engineering Research Report,1965(2):709-715.

[39] 魏汝龙．软粘土的强度与变形[M]．北京：人民交通出版社，1987.

[40] 王建华，程国勇，张立．取样扰动引起土层剪切波速变化的试验研究[J]．岩石力学与工程学报，2004,23(15):2604-2608.

[41] De BeerEE. Deerease in penetration resistance due to excavation in an overconsdidated Glauconitie sand [J]. ESOPT, 1974.

[42] Durgunoglu H T, et al. Static penetration resistance of soils Analysis[J]. Insitu Measumrent of soil properties, 1975.
[43] Meyerhof G G, et al. Bearing capacity of piles in layeral soils[J]. Canadial Geotechnigue, 1978.
[44] HillR. The mathematical theory of plastiecity[M]. Oxofrd University Press, 1950.
[45] Vesic A S. Expansion of Cavities in Infinite Soil Mass[J]. Journal of the Soil Mechanics and Foundations Division, 1972,98(3):265-290.
[46] Chadwick P. The quasi-static expansion of a spherical cavity in metals and ideal soils[J]. The Quarterly Journal of Mechanics and Applied Mathematics, 1959,12(1):52-71.
[47] Hoyaux B, Ladanyi B. Gravitational stress field around a tunnel in soft ground[J]. Canadian Geotechnical Journal, 1970,7(1):54-61.
[48] 樊良本. 关于打桩引起的土位移及土中应力状态变化的探讨[D]. 上海：同济大学, 1979.
[49] 王启铜, 龚晓南, 曾国熙. 考虑土体拉、压模量不同时静压桩的沉桩过程[J]. 浙江大学学报(自然科学版), 1992(6):61-70.
[50] Yu H S, Houlsby G T. Finite cavity expansion in dilatant soils: loading analysis[J]. Geotechnique, 1991,41(2):173-183.
[51] Chopra M B, Dargush G F. Finite-element analysis of time-dependent large-deformation problems[J]. International journal for numerical and analytical methods in geomechanics, 1992,16(2):101-130.
[52] Mabsout M E, Tassoulas J L. A finite element model for the simulation of pile driving[J]. International Journal for numerical methods in Engineering, 1994,37(2):257-278.
[53] 补家武, 鄢泰宁. 非可控制式海底取样器的结构及工作原理——海底取样技术介绍之二[J]. 地质科技情报, 2000,19(3):93-97.
[54] 补家武, 鄢泰宁. 可控式海底取样器的结构及工作原理——海底取样技术介绍之三[J]. 地质科技情报, 2000,19(4):100-104.
[55] 补家武, 鄢泰宁, 昌志军. 海底取样技术发展现状及工作原理概述——海底取样技术专题之一[J]. 探矿工程(岩土钻掘工程), 2001(2):44-48.
[56] 段新胜, 顾湘, 鄢泰宁, 等. 用于海底振动取样钻进的振动器设计理论与实践[J]. 探矿工程(岩土钻掘工程), 2009(5):36-40.
[57] 段新胜, 鄢泰宁, 陈劲, 等. 发展我国海底取样技术的几点设想[J]. 地质与勘探, 2003,39(2):69-73.
[58] 卢春华, 邵春, 鄢泰宁, 等. 新型液动冲击海底取样器及触探技术[J]. 工程勘察, 2010(8):27-30.
[59] 鄢泰宁, 补家武, 陈汉中. 海底取样器的理论探讨及参数计算——海底取样技术介绍之五[J]. 地质科技情报, 2001(2):103-106.
[60] 鄢泰宁, 昌志军, 补家武. 海底取样器工作机理分析及选用原则——海底取样技术专题之二[J]. 探矿工程(岩土钻掘工程), 2001(3):19-22.
[61] 张庆力, 刘贵杰, 刘国营. 新型海底沉积物采样器结构设计及采样过程动态分析[J]. 海洋技术, 2009(4):20-23.
[62] 阮锐. 海底重力取样技术的探讨[J]. 海洋测绘, 2009(1):66-69.
[63] 王天宇. 30 米天然气水合物保真采样器的设计[D]. 杭州：浙江大学, 2008.
[64] 周文, 秦华伟, 陈鹰. 海底沉积物取样扰动的有限元研究[J]. 海洋科学, 2009(12):89-95.
[65] 谭凡教, 陈洪泳, 殷琨, 等. 受冲击荷载作用土体变形的有限元研究[J]. 岩土力学, 2004(12):2013-2016.

[66] 熊治平．谈谈法定计量单位在新编《河流泥沙动力学》中的应用[J]．泥沙研究，1990(4):49-53.
[67] 韩其为，王玉成，向熙珑．淤积物的初期干容重[J]．泥沙研究，1981(1):1-13.
[68] 谢鉴衡．河流泥沙工程学(上册)[M]．北京：水利出版社，1981.
[69] 张耀哲，王敬昌．水库淤积泥沙干容重分布规律及其计算方法的研究[J]．泥沙研究，2004(3):54-58.
[70] 韩其为．淤积物干容重的分布及其应用[J]．泥沙研究，1997(2):11-17.
[71] 浦承松，梅伟，朱宝土，等．非均匀沙干容重计算方法的探讨[J]．武汉大学学报(工学版)，2010(3):320-324.
[72] 詹义正，黄长伟，余明辉，等．泥沙干容重计算的新途径[J]．泥沙研究，2007(5):48-53.
[73] 石雨亮，陆晶，詹义正，等．泥沙的水下休止角与干容重计算[J]．武汉大学学报(工学版)，2007(3):14-17.
[74] 舒彩文，詹义正，谈广鸣，等．沙粒形状对泥沙干密度影响初探[J]．水利水电科技进展，2005(4):22-25.
[75] 王兵，詹磊，殷俊，等．泥沙干容重的预测计算[J]．水道港口，2010(5):352-356.
[76] 江恩惠，曹永涛，张清．黄河高含沙洪水“揭河底”冲刷研究现状[EB/OL]．(2004-07-20)[07]. http://www.cnki.net/KCMS/detail/detail.aspx? FileName = RMHH200407003&DbName = CJFQ2004.
[77] 江恩惠，韩其为，曹永涛，等．黄河河床物质层理淤积结构及沉积机理[J]．人民黄河，2010(8):32-33.
[78] 叶青超．黄河流域环境演变与水沙运行规律研究[M]．济南：山东科学技术出版社，1995.
[79] 冯普林，王灵灵，马雪妍，等．渭河临潼河段河床物质层理淤积结构分析[J]．人民黄河，2012(2):22-25.
[80] 易朝路，吴显新，刘会平，等．长江中游湖泊沉积微结构特征与沉积环境[J]．沉积学报，2002(2):293-302.
[81] Peck R B, Hanson W E, Thornburn T H, et al. Foundation engineering[M]. Wiley New York, 1974.
[82] 常利营，陈群．接触冲刷研究进展[J]．水利水电科技进展，2012(2):79-82.
[83] 侯伟，贾永刚，宋敬泰，等．黄河三角洲粉质土海床临界起动切应力影响因素研究[J]．岩土力学，2011(S1):376-381.
[84] 曹成林，孙永福，宋玉鹏，等．粘性类土侵蚀强度量化研究[J]．海岸工程，2010(4):65-72.